JN272075

海技士 4・5N セレクト問題集

元首席海技試験官　和具弘之　監修

海文堂

海上保安庁図誌利用第 270036 号:9, 10, 60, 62, 63, 64, 65, 200, 201, 202 頁。

はしがき

　本書は，四級海技士（航海）及び五級海技士（航海）の免許を受けようと志す方々を対象にした筆記試験問題解答集です。
　本書に記載した問題は，過去に出題された試験問題のうち，出題頻度の高いものを選び，「航海」・「運用」・「法規」の順に，試験科目の細目に沿って配列してあります。
　この中で，特に四級海技士に限って出題される問題には，右端に 4級 のマークを付けてあります。その他の問題については，四級，五級関係なく勉学していただければと考えます。
　本書に示す解答は一例であり，必ずしもこの通りに答える必要はありません。出題の傾向等は本書で会得できると思います。受験勉学の参考指針として利用し活用して下さい。そして，一人でも多くの受験者の皆さまが合格されることを心から祈念しております。

2021年5月

　　　　　　　　　　　　　　　　　　　　　　　　　　　監修者しるす

目 次

航 海

1. 航海計器 …………………………………………………… 3
   (1) 磁気コンパス ………………………………………… 3
   (2) ジャイロコンパス …………………………………… 7
   (3) オートパイロット …………………………………… 10
   (4) 音響測深機 …………………………………………… 12
   (5) ログ …………………………………………………… 13
   (6) 六分儀 ………………………………………………… 14
2. 航路標識 …………………………………………………… 17
3. 水路図誌 —略— ………………………………………… 21
4. 潮汐及び海流 ……………………………………………… 21
   (1) 潮汐 …………………………………………………… 21
   (2) 潮汐表の使用法 ……………………………………… 22
   (3) 潮流 …………………………………………………… 25
   (4) 海流 …………………………………………………… 26
5. 地文航法 …………………………………………………… 27
   (1) 距等圏航法 …………………………………………… 27
   (2) クロス方位法，四点方位法，両測方位法 ………… 31
   (3) 針路改正 ……………………………………………… 34
   (4) 海図による船位，針路，航程 ……………………… 35
   (5) 避険線 ………………………………………………… 58

6 天文航法 …… 60
(1) 太陽子午線高度緯度法 …… 60
(2) 北極星緯度法 …… 66

7 電波航法 …… 68
(1) レーダー船位測定 …… 68
(2) GPS …… 68

運 用

1 船舶の構造，設備，復原性 …… 73
(1) 船体構造，船体要目 …… 73
(2) 舵 …… 77
(3) 入渠 …… 79
(4) 船底塗料 …… 82
(5) トリム，復原力 …… 82

2 当直 …… 86
(1) 当直基準 …… 86

3 気象及び海象 …… 87
(1) 海象・気象 …… 87
(2) 各種天気系 …… 91
(3) 天気図の見方・予測 …… 96
(4) 台風 …… 98

4 操船 …… 102
(1) 操船，操縦性能 …… 102
(2) 係留 …… 106
(3) びょう泊 …… 106
(4) 走びょう …… 110
(5) 荒天航行 …… 110
(6) 特殊運用 …… 111

5 船舶の出力装置 …… 114
(1) ディーゼル機関 …… 114

- ⑥ 貨物の取扱い及び積付け ………………………………… 115
  - (1) 貨物積付け ………………………………………………… 115
  - (2) 索 …………………………………………………………… 116
  - (3) テークル ………………………………………………… 117
  - (4) 船内消毒 ………………………………………………… 119
- ⑦ 非常措置 …………………………………………………… 120
  - (1) 非常措置 ………………………………………………… 120
  - (2) 乗揚げ …………………………………………………… 121
- ⑧, ⑨ 医療, 捜索及び救助 ………………………………… 122

法 規

- ① 海上衝突予防法・海上交通安全法・港則法 …………… 125
  - (1) 海上衝突予防法－定義用語 …………………………… 125
  - (2) 海上衝突予防法－安全な速力 ………………………… 127
  - (3) 海上衝突予防法－衝突のおそれ, 避航 ……………… 127
  - (4) 海上衝突予防法－狭い水道等 ………………………… 129
  - (5) 海上衝突予防法－追越し船 …………………………… 131
  - (6) 海上衝突予防法－行会い船 …………………………… 133
  - (7) 海上衝突予防法－横切り船 …………………………… 134
  - (8) 海上衝突予防法－各種船舶間の航法 ………………… 136
  - (9) 海上衝突予防法－灯火, 形象物 ……………………… 140
  - (10) 海上衝突予防法－視界制限状態 ……………………… 144
  - (11) 海上衝突予防法－音響信号及び発光信号 …………… 145
  - (12) 海上衝突予防法－遭難信号 …………………………… 149
  - (13) 海上交通安全法－定義 ………………………………… 149
  - (14) 海上交通安全法－交通方法 …………………………… 150
  - (15) 海上交通安全法－灯火等 ……………………………… 162
  - (16) 港則法－入出港及び停泊 ……………………………… 164
  - (17) 港則法－航路及び航法 ………………………………… 165
  - (18) 港則法－危険物 ………………………………………… 175
  - (19) 港則法－水路の保全 …………………………………… 175

⒇　港則法―灯火等 ……………………………………… *175*
　(21)　港則法―雑則 ………………………………………… *176*
② **船員法及びこれに基づく命令** …………………… *177*
　(1)　船員法 ………………………………………………… *177*
　(2)　船員労働安全衛生規則 ……………………………… *183*
③ **船舶職員法** ―略― ……………………………… *189*
④ **船舶法及び船舶安全法** ―略― ………………… *189*
⑤ **海洋汚染等・海上災害** ………………………… *190*
⑥ **検疫法** ―略― …………………………………… *197*
⑦ **国際公法** ―略― ………………………………… *197*

巻末資料 …………………………………………………… *199*

海技試験問題例 …………………………………………… *203*

航　海

1 航海計器

(1) 磁気コンパス

> **問1** 次の(1)～(3)は，液体式磁気コンパスのどの部分について述べたものか。それぞれの名称を記せ。
> (1) コンパスカードの下部についている浮室に浮力を与えてカードの重さを軽減して指北力を増大させるとともに，船体の動揺や振動がコンパスカードに伝わるのをできるだけ防止し，カードを安定させる。
> (2) コンパスカードの目盛を指して船首方位を示し，一般に黒く塗られている。
> (3) コンパス液が温度の変化によって膨張や収縮しても，バウルが破損したり，気泡が生じたりすることのないように，液量を調整する。

答 (1) コンパス液
(2) 船首基線
(3) 自動調整装置

> **問2** 船内の液体式磁気コンパスに関する次の問いに答えよ。
> コンパス液は，通常，どのようなものをどのような割合で混合したものか。

答 通常，エチルアルコール1，蒸留水2の割合の混合液である。

> **問3** 次の(1)及び(2)は，液体式磁気コンパスのどの部分について述べたものか。それぞれの名称を記せ。
> (1) コンパスカードの下部についている浮室に浮力を与えてカードの重さを軽減して指北力を増大させるとともに，船体の動揺や振動がコンパスカードに伝わるのをできるだけ防止し，カードを安定させる。
> (2) コンパス液が温度の変化によって膨張や収縮しても，バウルが破損したり，気泡が生じたりすることのないように，液量を調整する。

答 (1) コンパス液
　　(2) 自動調整装置

問4　液体式磁気コンパスに関する次の問いに答えよ。
　　　船内において液体式磁気コンパスの自差が変化する場合を3つあげよ。

答　（次のうち3つ）
　　①　船の船首方位（針路）が変化したとき。
　　②　船の地理的位置が変化したとき。
　　③　日時が経過したとき。
　　④　船体が傾斜したとき。
　　⑤　鉄鋼材の船積み又は陸揚げがあったとき。
　　⑥　船内の大型鉄材の配置を変えたとき。
　　⑦　地方磁気の影響を受けたとき。
　　⑧　磁気コンパスの据え付け位置を変えたとき。
　　⑨　衝突，乗揚げその他落雷などにより船体に強い衝撃を受けたとき。
　　⑩　一定の針路で長時間航走を続けた後変針したとき。

問5　コンパスの自差を測定する方法を3つあげよ。

答　（次のうち3つ）
　　①　2物標の重視線を利用する方法
　　②　北極星の方位角法
　　③　遠方標位法
　　④　日出没方位角法
　　⑤　時しん方位角法
　　⑥　ジャイロコンパスと比較する方法

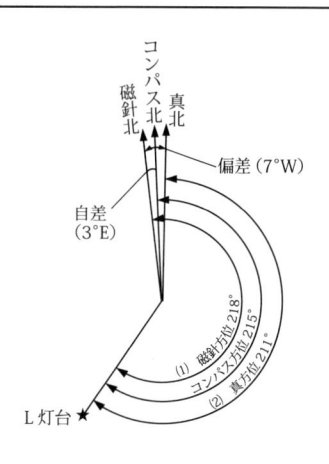

問 6 偏差 6°W の海域において，磁気コンパス（自差 3°E）により L 灯台のコンパス方位を 210°に測定した。この場合の L 灯台のコンパス方位，磁針方位及び真方位の関係を図示し，次の(1)及び(2)を求めよ。
(1) L 灯台の磁針方位
(2) L 灯台の真方位

答 （右図示）
(1) 213°
(2) 207°

【参考】

	コンパス方位	210°
	自差	3°E
(1)	磁針方位	213°
	偏差	6°W
(2)	真方位	207°

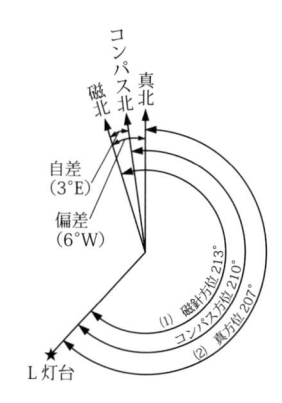

問 7 偏差 7°W の海域において，磁気コンパス（自差 3°W）により L 灯台のコンパス方位を 215°に測定した。この場合の L 灯台のコンパス方位，磁針方位及び真方位の関係を図示し，次の(1)及び(2)を求めよ。
(1) L 灯台の磁針方位
(2) L 灯台の真方位

答 （右図示）
(1) 218°
(2) 211°

【参考】

	コンパス方位	215°
	自差	3°E
(1)	磁針方位	218°
	偏差	7°W
(2)	真方位	211°

問8 偏差6°Wの海域において，磁気コンパス（自差4°W）によりL灯台のコンパス方位を145°に測定した。この場合のL灯台のコンパス方位，磁針方位及び真方位の関係を図示し，次の(1)及び(2)を求めよ。
(1) L灯台の磁針方位
(2) L灯台の真方位

答 （右図示）
(1) 141°
(2) 135°

【参考】
コンパス方位　　145°
自差　　　　　　4°W
(1) 磁針方位　　　141°
偏差　　　　　　6°W
(2) 真方位　　　　135°

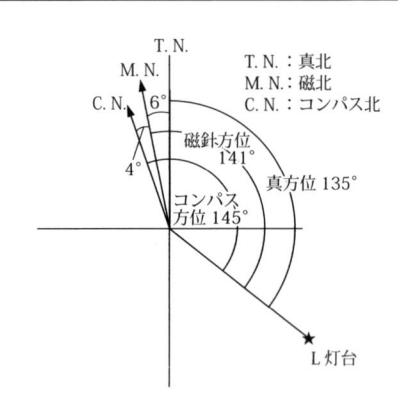

T.N.：真北
M.N.：磁北
C.N.：コンパス北

問9 太陽出没方位角法に関する次の問いに答えよ。
(1) 常用日出没時及び真日出没時とは，太陽が視水平に対してどのように見えるときか。それぞれ図示せよ。
(2) コンパス誤差測定のための方位測定の時機は，(1)においてどちらの日出没時のときか。

答 (1)

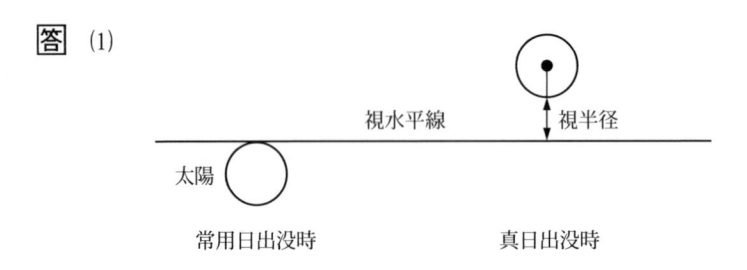

視水平線　　視半径
太陽
常用日出没時　　真日出没時

(2) 真日出没時

問 10　太陽出没方位角法によりコンパス誤差を測定する場合について，次の問いに答えよ。
(1) 太陽と視水平線の関係を示した右図の(ア)～(オ)のうち，太陽がどのように見える時機に測ればよいか。

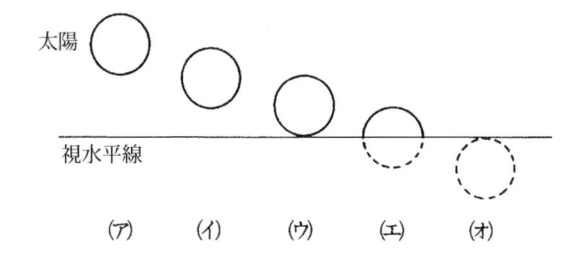

太陽
視水平線
(ア)　(イ)　(ウ)　(エ)　(オ)

(2) (1)の時機を何というか。

答　(1) (イ)
　　(2) 真日出没時

【解説】
　真日出没時は，太陽の下辺が視水平より視半径だけ上方に見える時機であり，それが(イ)の状態である。

(2) ジャイロコンパス

問 11　ジャイロコンパスの特性について述べた次の文の [　] 内に適合する字句又は数字を記号とともに記せ。
(1) [(ア)] 軸の自由を有するジャイロ（コマ）を高速回転させると，ジャイロ軸の指す方向を変えようとするトルク（偶力）を加えない限り，ジャイロ軸は宇宙空間の一定方向を指し続ける。この性質をジャイロの [(イ)] 惰性という。
(2) 高速回転中のジャイロ軸にトルクを加えると，トルクとジャイロの回転によって生じるそれぞれの回転 [(ウ)] の合成方向へ，ジャイロ軸は最短距離をとって移動する。この運動をジャイロ軸の [(エ)] という。

答　(1) (ア)：3　　(イ)：回転

(2)　(ウ)：惰性　　　(エ)：プレセッション（歳差運動）
【解説】
　　3軸の自由を有するジャイロコマを高速回転させると，
①　回転惰性
②　プレセッション（歳差運動）
の2つの特性が示される。これをジャイロコマの2大特性という。

問12　ジャイロコンパスに関する次の問いに答えよ。
(1)　ジャイロコンパスを使用して航行する場合，コンパスの示度については，どのような注意が必要か。
(2)　ジャイロコンパスは，通常，使用する何時間前に起動すればよいか。

答　(1)　（注意事項）
　　①　常時マグネットコンパスの示度と比較し，その差異に異常がないことを確かめる。
　　②　レビーターコンパスとマスターコンパスの示度を適宜チェックする。
　　③　2物標の重視線，太陽の出没方位角等により機会あるごとにジャイロエラーを測定する。
(2)　通常，4時間前に起動する。

問13　航海当直中，ジャイロコンパスの示度と磁気コンパスの示度をときどき比較しなければならないのは，なぜか。

答　①　ジャイロコンパスの示度と磁気コンパスの示度とが大きく違っているときは，ジャイロコンパスが正常に作動していないことが考えられる。
②　自差が正確に調べてある磁気コンパスの示度とジャイロコンパスの示度とを比較して，ジャイロ誤差の有無及び誤差量を知ることができる。

問 14 平成27年2月6日，推測位置 21°－00′N，140°－00′E において，日没時の太陽のジャイロコンパス方位を 255°に測った。ジャイロ誤差を求めよ。　　4級

答　2月6日　U（世界時）$= 0^h$ に対する
d（赤緯）$= S15°－46.8′$
$\qquad\qquad = 15.8°S$
（天測暦 平成27年2月6日 参照）
$d = 15.8°S$
$l = 21.0°N$

〔巻末〕天測暦 天体出没方位角表から，
真日没方位 $= S73.0°W$
$\qquad\qquad = 253.0°$

真方位　　　　253.0°
ジャイロ方位　255.0°
（答）ジャイロ誤差　$(-)2.0°$

☉	太		陽
U	$E_☉$	d	dのP.P.
h m s	° ′		h m
0 11 46 01	S 15 46.8		0 00 0.0
2 11 46 01	S 15 45.3		10 0.1
4 11 46 00	S 15 43.8		20 0.3
6 11 46 00	S 15 42.2		30 0.4
8 11 45 59	S 15 40.7		40 0.5
10 11 45 59	S 15 39.2		0 50 0.6
12 11 45 59	S 15 37.6		1 00 0.8
14 11 45 58	S 15 36.1		10 0.9
16 11 45 58	S 15 34.5		20 1.0
18 11 45 58	S 15 33.0		30 1.2
20 11 45 58	S 15 31.4		40 1.3
22 11 45 57	S 15 29.9		1 50 1.4
24 11 45 57	S 15 28.4		2 00 1.5
視半径 S.D.	16′ 15″		

天測暦：平成27年2月6日
（『平成27年 天測暦』（海上保安庁海洋情報部編，海上保安庁発行）より）

問 15 平成27年4月13日，推測位置 20°－00′N，140°－00′E において，日出時の太陽のジャイロコンパス方位を 079°に測った。ジャイロ誤差を求めよ。　　4級

答　4月13日　$U = 0^h$ に対する
$d = 8.8°N$
$l = 20.0°N$

〔巻末〕天測暦 天体出没方位角表から，
真日出方位 $= N80.6°E$
$\qquad\qquad = 80.6°$

真方位　　　　80.6°
ジャイロ方位　79.0°
（答）ジャイロ誤差　$(+)1.6°$

☉	太		陽
U	$E_☉$	d	dのP.P.
h m s	° ′		h m
0 11 59 17	N 8 50.9		0 00 0.0
2 11 59 18	N 8 52.7		10 0.2
4 11 59 19	N 8 54.5		20 0.3
6 11 59 21	N 8 56.3		30 0.5
8 11 59 22	N 8 58.2		40 0.6
10 11 59 23	N 9 00.0		0 50 0.8
12 11 59 24	N 9 01.8		1 00 0.9
14 11 59 26	N 9 03.6		10 1.1
16 11 59 27	N 9 05.4		20 1.2
18 11 59 28	N 9 07.2		30 1.4
20 11 59 30	N 9 09.0		40 1.5
22 11 59 31	N 9 10.8		1 50 1.7
24 11 59 32	N 9 12.7		2 00 1.8
視半径 S.D.	15′ 59″		

天測暦：平成27年4月13日
（『平成27年 天測暦』（海上保安庁海洋情報部編，海上保安庁発行）より）

問16 平成27年4月17日，推測位置25°−00′N，140°−00′Eにおいて，日出時の太陽のジャイロコンパス方位を080°に測った。ジャイロ誤差を求めよ。　　　　　　　　　　　　　　　　　　　　4級

答　4月17日　$U = 0^h$ に対する
　　　　　　　$d = 10.3°N$
　　　　　　　$l = 25.0°N$

〔巻末〕天測暦 天体出没方位角表から，
　　真日出方位 = N78.6°E
　　　　　　　 = 78.6°

　　真方位　　　　　　78.6°
　　ジャイロ方位　　　80.0°
（答）ジャイロ誤差　（−）1.4°

⊙		太	陽	
U	$E_⊙$	d	dのP.P.	
h	h m s	° ′	h m	′
0	12 00 15	N10 17.0	0 00	0.0
2	12 00 17	N10 18.8	10	0.1
4	12 00 18	N10 20.5	20	0.3
6	12 00 19	N10 22.3	30	0.4
8	12 00 20	N10 24.1	40	0.6
10	12 00 21	N10 25.8	0 50	0.7
12	12 00 22	N10 27.6	1 00	0.9
14	12 00 24	N10 29.4	10	1.0
16	12 00 25	N10 31.1	20	1.2
18	12 00 26	N10 32.9	30	1.3
20	12 00 27	N10 34.6	40	1.5
22	12 00 28	N10 36.4	1 50	1.6
24	12 00 29	N10 38.1	2 00	1.8
視半径 S.D.			15′	58″

天測暦：平成27年4月17日
(『平成27年 天測暦』（海上保安庁海洋情報部編，海上保安庁発行）より)

(3) オートパイロット

問17　オートパイロットを使用して航行中，自動操舵から手動操舵に切り換えておかなければならないのは，どのような場合か。

答　① 港に出入するとき。
　　② 狭水道を航行するとき。
　　③ 船舶の通航が多い海域を航行するとき。
　　④ 浅瀬や暗礁があって，航行上危険の多い海域を航行するとき。
　　⑤ 大角度変針をたびたび行うような海域を航行するとき。
　　⑥ 霧，雨等で視界が悪くなったとき。
　　⑦ 航行中，他の船舶が自船に接近してきた場合。
　　⑧ 他船と接近するとき。

[問] 18 オートパイロットの操舵スタンド（コントロールスタンド）には，どのような調整装置が取り付けられているか。3つあげよ。

[答] ① 天候調整（ウェザーアジャストメント）
② 舵角調整（ヘルムアジャストメント，又はラダーアジャストメント）
③ 当て舵調整（レイトアジャストメント，又はチェッキングラダーアジャストメント）

[問] 19 オートパイロットの取り扱いに関して述べた次の(A)と(B)の文について，それぞれの正誤を判断し，下の(1)～(4)のうちからあてはまるものを選べ。
(A) 手動操舵から自動操舵に切り替えるときは，通常，舵中央とし，オートパイロットの設定針路と船首方位を合わせてから，切り替えスイッチを「AUTO」にする。
(B) 舵角調整の設定により，自動操舵中の制限舵角（自動操舵で取ることができる最大舵角）の大きさを調整することができる。
(1) (A)は正しく，(B)は誤っている。
(2) (A)は誤っていて，(B)は正しい。
(3) (A)も(B)も正しい。
(4) (A)も(B)も誤っている。

[答] (1)
【解説】
(A) その通りで正しい切替方法である。
(B) 舵角調整は設定針路からずれた角（偏角）に比例するような舵角を定めるもので，制限舵角は調整できない。

問20　オートパイロットを自動操舵として航行中，一般にどのような注意が必要か。3つあげよ。

答　（次のうち3つ）
① 設定針路で航行していることを磁気コンパスの示度と比較して確かめる。
② 荒天時は，荒天の程度に応じた天候調整の調整をする。
③ 船の速度や荷物の積載量に応じて舵角調整や当て舵調整を設定する。
④ 天候調整，舵角調整，当て舵調整の3つの調整が適切かどうか，適宜コース・レコーダーや航跡を見て確かめる。
⑤ 内部機構の作動に注意し，各部が円滑に作動しているかどうか確かめる。

(4) 音響測深機

問21　音響測深機で水深を測定する場合，喫水調整を行わなければならないのはなぜか。

答　音響測深機の送受波器は船底に装備されている。このため，測っているのは船底から海底までであり，正しい水深を求めるためには測った水深に喫水の分だけ加えなければならないので，発振線を喫水の分だけ移動する喫水調整を行わなければならない。

問22　音響測深機の喫水調整について述べよ。

答　① 音響測深機の送受波器は船底に装備されている。このため，測っているのは船底から海底までであり，正しい水深を求めるためには測った水深に喫水の分だけ加えなければならない。これを喫水調整という。
② したがって真の水深を知るには，喫水調整つまみを回して，発振線をゼロの位置から喫水の分だけ移動させて使用すればよい。

問23 音響測深機で測深中,記録紙に明瞭な反射線が2つ(場合によっては3つ)現れることがあるのは,どのような場合か。また,この場合,水深を示すのはどの反射線か。

答 ＜明瞭な反射線が2つ現れる場合＞
　　比較的水深が浅く,底質が岩,岩盤である場合。
　　＜水深を示す反射線＞
　　発振線に一番近い反射線である。

(5) ログ

問24 電磁ログに関して述べた次の(A)と(B)の文について,それぞれの<u>正誤を判断し</u>,下の(1)～(4)のうちからあてはまるものを選べ。
(A) 船底下に突出させた受感部に船の速力に比例した電圧が発生するので,これを増幅して速力を指示させる。
(B) 対地速力は測定できるが,対水速力は測定できない。
　(1) (A)は正しく,(B)は誤っている。
　(2) (A)は誤っていて,(B)は正しい。
　(3) (A)も(B)も正しい。
　(4) (A)も(B)も誤っている。

答　(1)
【解説】
(A) 正しい。
(B) 電磁ログは<u>対水速力</u>は測定できるが,<u>対地速力</u>は測定できない。

問25 ドップラーログについて述べた次の文の ◻ 内に適合する字句を下の語群から選べ。〔解答例：(5)—(ク)〕

ドップラーログは，(1) を利用して船の速力を測定するための機器である。一般に，水深が150〜200mより浅い水域では (2) を，それより深い水域では (3) を測定することができる。喫水の浅い船舶が (4) するときなどには，送受波器付近に回り込んだ気泡により反射波が受信できなくなり測定値に影響を受けることがある。

語群　(ア) 漂流　　(イ) 後進　　(ウ) 超音波　　(エ) 電波
　　　(オ) 対地速力　(カ) 光波　　(キ) 対水速力

答　(1)—(ウ)　　(2)—(オ)
　　　(3)—(キ)　　(4)—(イ)

【解説】
ドップラーログは船底に取り付けた送波器から斜め下方に超音波を発射して海底から反射してきた反射波と送信波の周波数を比較し，その周波数の差を測定して船の移動速度を検出する（ドップラー効果を利用するもの）。

(6) 六分儀

問26 六分儀に関する次の問いに答えよ。
(1) 次の①と②は，六分儀の誤差の原因について述べたものである。それぞれの原因によって生じる誤差の名称を記せ。
① 動鏡が六分儀の器面に垂直でない。
② 水平鏡が六分儀の器面に垂直でない。
(2) 太陽等の明るすぎる天体の高度を測定する場合は，どこの和光ガラスをどのように使用すればよいか。

答　(1) ① 垂直差
　　　　② 側方誤差（サイドエラー）
(2) まず，動鏡の前にある濃い目の和光ガラスを1枚または2枚使用して，太陽等の明るすぎる天体の映像の輪郭がはっきり見えるまで輝

度調整する。また，太陽光線で水平線が明るすぎるときは，水平鏡の後にある和光ガラスを適当に使用して，水平線の輝度も適切に調整して測る。

問 27 次の(1)～(3)は，六分儀の誤差の原因について述べたものである。それぞれの原因によって生じる誤差の名称を記せ。
(1) 動鏡が六分儀の器面に垂直でない。
(2) 水平鏡が六分儀の器面に垂直でない。
(3) 示標かんを本弧の0°の位置に合わせたとき，動鏡と水平鏡が平行でない。

答 (1) 垂直差
(2) サイドエラー（側方誤差）
(3) 器差

問 28 六分儀の次の誤差の原因を述べよ。
(1) サイドエラー
(2) 器差
(3) 垂直差

答 (1) 水平鏡が器面に対して垂直でないために生ずる誤差。
(2) 示標かんを本弧の0°に合わせたとき，動鏡と水平鏡が平行でないために生ずる誤差。
(3) 動鏡が六分儀の器面に垂直でないために生ずる誤差。

問 29 六分儀で太陽の高度を正しく測るためには，次の(1)及び(2)についてはどのような注意が必要か。
(1) 和光ガラスの使用
(2) 太陽直下の水平線に対する太陽映像の接触

答 (1) 動鏡前面の和光ガラスは，太陽光線の強弱に応じて適当な濃度のものを使用する。少し濃い目のガラスを使用したほうがよい。

水平鏡の前面の和光ガラスは，真像（水平線）の輝度に応じて適度なものを使用する。
(2) 六分儀を静かに左右交互に傾けて，太陽の映像を左右に移動させながらマイクロメータで微調整し，映像の下辺が太陽直下の水平線に正しく接するようにする。

問 30 六分儀で高度を測定するときは，次の(1)及び(2)のような注意が必要であるが，それはなぜか。それぞれについて理由を述べよ。
(1) 太陽の下辺高度を測定するときは，映像の下辺を正しく水平線に接触させ，六分儀を静かに左右に傾け，下辺が最も下がったところで水平線に接することを確認し，そのときの示度を読まなければならない。
(2) 霧などのため，水平線がはっきりしない場合，できるだけ眼高を低くしたほうがよい。

答 (1) 太陽映像の下辺が，太陽直下の水平線に接したときの高度を得るためである。
(2) 眼高を低くすると水平線までの距離が近くなり，水平線が比較的はっきりと判別できるからである。

問 31 六分儀で太陽の高度を正しく測るためには，次の(1)及び(2)については，どのような注意が必要か。
(1) 波浪がある場合の眼高
(2) 薄い霧などのため，水平線が明瞭でない場合の眼高

答 (1) 眼高をできるだけ高くする。水平線までの距離が遠くなるから波浪のギザギザが小さく見え，太陽映像の下辺と水平線の接触のさせ方が容易になる。
(2) 眼高を低くする。水平線までの距離が近くなるので，水平線を明瞭に見ることができる。
【解説】
上記(1), (2)のどちらの場合も眼高を正確に知っておかなければならない。

航海　17

2　航路標識

問32　レーダービーコン（レーコン）はどのような航路標識か。

答　船舶のレーダーの映像面上に送信局の位置を輝線符号で示すように，船舶のレーダーから発射された電波に応答して電波（マイクロ波）を発射する航路標識である。

問33　レーマークビーコン局から発射される電波は，船舶のレーダー映像上にどのように表示されるか。自船を中心としたレーダー映像面の略図を描き，レーマークビーコン局の位置とともに示せ。

答　（右図示）

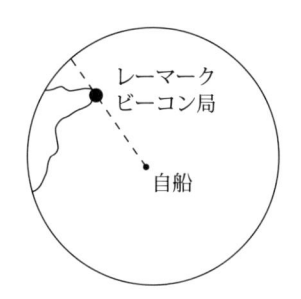

問34　次の航路標識を説明せよ。
(1) 橋梁標識
(2) レーマークビーコン
(3) 導灯は，どのような航路標識か。

答　(1) 水域にある橋梁下の可航水域または航路の中央，側端および橋脚の存在を示すため，橋けた，橋脚等に設置した灯火・標識をいう。
(2) 船舶のレーダースコープに送信局の方位を輝線（破線）で表すように電波（マイクロ波）を発射する航路標識（有効距離は，通常昼夜とも約20海里）。
(3) 通航困難な水道，狭い湾口などの航路を示すために，航路の延長線

上の陸地に設置した2基以上を1対とした構造物で，灯光を発するものをいう。（灯光を発しないものは，導標という。）

問35 指向灯は，どのような航路標識か。

答 通航困難な水道または湾口などの航路を示すため，航路の延長線上の陸地に設置し，白光により航路を，緑光により左げんの危険水域を，紅光により右げんの危険水域を示すものをいう。

問36 次の灯質を説明せよ。
(1) 互光
(2) 等明暗光

答 (1) 一定の光度を持つ異色の光を交互に発し，暗間のないもの。
(2) 一定の光度を持つ光を一定の間隔で発し，明間と暗間の長さが同じもの。

問37 次の灯質を説明せよ。
(1) 急閃光
(2) モールス符号光

答 (1) 一定の光度を持つ1分間に50回の割合の光を一定の間隔で発し，明間の和が暗間の和より短いもの。
(2) モールス符号の光を発するもの。

問38 日本の浮標式〔IALA海上浮標式（B地域）〕における次の標識の頭標の塗色及び頭標の形状を述べよ。
(1) 東方位標識
(2) 特殊標識
(3) 孤立障害標識
(4) 安全水域標識

答 ＜頭標の塗色＞
(1) 黒色
(2) 黄色
(3) 黒色
(4) 赤色

＜頭標の形状＞
(1) 円すい形2個縦掲（底辺対向）
(2) X形1個
(3) 球形2個を縦掲
(4) 球形1個

問39 右図に示す灯浮標の灯質は，次のうちどれか。
(1) 群急閃白光（毎10秒に3急閃光）
(2) モールス符号白光（毎8秒にA）
(3) 群閃白光（毎5秒又は10秒に2閃光）
(4) 連続急閃白光

答 (3)（孤立障害標識）

問40 右図に示す灯浮標の灯質は，次のうちどれか。
(1) 群急閃白光（毎10秒に3急閃光）
(2) モールス符号白光（毎8秒にA）
(3) 群閃白光（毎5秒又は10秒に2閃光）
(4) 連続急閃白光

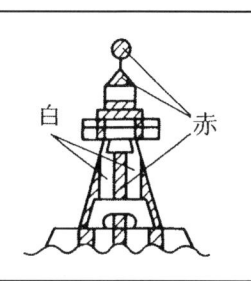

答 (2)（安全水域標識）

問41 右図に示す灯浮標の灯質は，次のうちどれか。
(1) 群急閃白光（毎10秒に3急閃光）
(2) 群閃黄光（毎20秒に5閃光）
(3) 長閃黄光（毎10秒に1長閃光）
(4) 連続急閃黄光

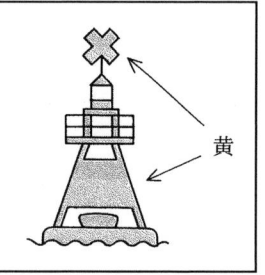

答 (2) （特殊標識）

問42 右図に示す灯浮標の灯質は，次のうちどれか。
(1) 群急閃白光（毎10秒に3急閃光）
(2) 群急閃白光（毎15秒に9急閃光）
(3) 群急閃白光（毎15秒に6急閃光と1長閃光）
(4) 連続急閃白光

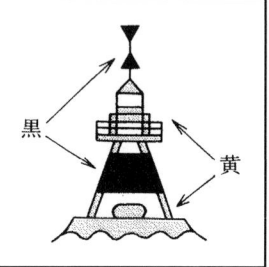

答 (2) （西方位標識）

問43 音響による霧信号の種類（機械の種類による分類）を2つあげよ。

答 （次のうち2つ）
① エアーサイレン
② モーターサイレン
③ ダイヤフォン
④ ダイヤフラムホーン
⑤ 霧鐘

③ 水路図誌 —略—（口述試験のみの対象となっている。）

④ 潮汐及び海流

(1) 潮汐

> **問44** 潮汐に関する用語の「大潮」を太陽，地球，月の相互間の関係を図示して説明せよ。

答 朔（新月）と望（満月）のときは，月と太陽が地球に対して一線上にあるため，月及び太陽の起潮力が地球に対して同一方向に作用し，潮汐の干満の差が大きくなる。この潮差の最も大きい潮汐を大潮といい，朔及び望の1〜3日後に起こる。

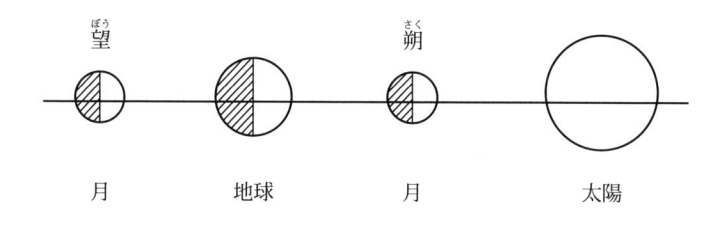

```
      望                    朔
      月     地球      月           太陽
```

> **問45** 潮汐に関する次の用語の説明をせよ。
> ① 月潮間隔
> ② 日潮不等
> ③ 基本水準面

答 ① 月がその地の子午線に正中してから，その地が高潮になるまでの経過時間を高潮間隔といい，その地の低潮になるまでの経過時間を低潮間隔という。この月の高潮間隔と低潮間隔を月潮間隔という。
② 1日2回潮の潮汐において，午前と午後の低潮同士の潮高は等しくなく，午前と午後の高潮同士の潮高も等しくなく，さらに，各潮時の間隔も等しくない。これを日潮不等という。
③ 略最低低潮面に相当し，海図記載の水深，干出岩の高さを測る基準

面となる。また，潮汐表記載の潮高の基準面となる。

(2) 潮汐表の使用法

問46 潮汐表によれば，当日のA海峡の潮流は，右表のとおりである。次の問いに答えよ。
(1) 当日午前の東流は何時何分から何時何分までか。
(2) 1200の流速はどのくらいか。ただし，潮汐表の「任意時の流速を求める表」の表値は，0.73である。
(3) 2200の流向を述べよ。

＋：西流		－：東流	
転流時		最	強
h m		h m	kn
02 13		05 15	－6.0
07 47		10 49	＋4.7
13 15		17 19	－7.4
20 15		23 28	＋5.7

答 (1) 午前2時13分から午前7時47分まで
(2) 1200直前の最強流速は，＋4.7ノット（西流）
（＋4.7）×0.73 ＝ <u>3.4ノット（西流）</u>
(3) 西流

問47 明石海峡の潮流に関する次の問いに答えよ。ただし，当日の潮流は右表に示すとおりである。
(1) 明石海峡を西の方向に航行する予定の船舶にとって，当日午後の逆潮は何時何分から何時何分までか。
(2) 1430の流速はどのくらいか。ただし，潮汐表の「任意時の流速を求める表」の表値は，0.61である。

＋：西北西流		－：東南東流	
転流時		最	強
h m		h m	kn
00 40		03 41	－5.5
07 10		10 07	＋5.9
13 21		16 05	－5.1
19 45		22 32	＋4.9

答 (1) 13時21分から19時45分まで
(2) 1430近くの最強流速は，－5.1ノット（東南東流）
（－5.1）×0.61 ＝ <u>－3.1ノット（東南東流）</u>

問 48 来島海峡の潮流に関する次の問いに答えよ。ただし，当日の潮汐表の関係部分は下表のとおりである。
(1) 当日午後の北流は何時何分から何時何分までか。
(2) 0700 の流速を求めよ。

〔任意時の流速を求める表〕
A：転流時と最強時の差　　B：転流時からの時間

＋：南流　　－：北流												
転流時		最　強										
Slack		Maximum										
h　m		h　m	kn									
		02　29	－8.2									
05　42		08　52	＋9.6									
12　14		15　17	－7.3									
18　20		21　07	＋6.8									
23　53												

B	h	0				1			
A	m	0	15	30	45	0	15	30	45
h　m									
3　0		0.00	0.13	0.26	0.38	0.50	0.61	0.71	0.79
10		0.00	0.12	0.25	0.36	0.48	0.58	0.68	0.76
20		0.00	0.12	0.23	0.35	0.45	0.56	0.65	0.73
30		0.00	0.11	0.22	0.33	0.43	0.53	0.62	0.71
40		0.00	0.11	0.21	0.32	0.42	0.51	0.60	0.68
50		0.00	0.10	0.20	0.30	0.40	0.49	0.58	0.66

答 (1) 12 時 14 分から 18 時 20 分まで

(2) 0700 直前の転流時　　$05^h - 42^m$

　　直後の最強時　　　　$08\ \ - 52$

　　潮時差（A）　　　　　$3\ \ - 10$

　　流速所要時刻　　　　$07\ \ - 00$

　　直前の転流時　　　　$05\ \ - 42$

　　潮時差（B）　　　　　$1\ \ - 18$

　　Aに対する表値　B　$1^h - 15^m \to 0.58$

　　　　　　　　　　　　$1\ \ - 30\ \ \to 0.68$

$(0.68 - 0.58) \times \dfrac{18 - 15}{30 - 15} = 0.02$

$1^h - 18^m$ に対するB値　$0.58 + 0.02 = 0.6$

$9.6 \times 0.6 = \underline{5.76 ノット}$　（南流）

問49 来島海峡の潮流に関する次の問いに答えよ。ただし，当日の潮流は右表に示すとおりである。
(1) 来島海峡の上げ潮流は，北流及び南流のうちどれか。
(2) 瀬戸内海を西航し，同海峡を通過する予定の甲丸にとって，当日午後の順潮は何時何分から何時何分までか。
(3) 2100の流向を述べよ。

＋：南流	－：北流	
転流時	最強	
h　m	h　m	kn
00　03	03　11	－7.6
06　17	09　20	＋8.3
12　23	15　32	－7.7
18　38	21　37	＋7.9

答 (1) 南流
(2) 12時23分から18時38分まで
(3) 南流

問50 来島海峡の潮流に関する次の問いに答えよ。ただし，当日の潮流は右表に示すとおりである。
(1) 来島海峡の下げ潮流は，北流及び南流のうちどれか。
(2) 瀬戸内海を東航し，同海峡を通過する予定の甲丸にとって，当日午後の逆潮は何時何分から何時何分までか。

＋：南流	－：北流	
転流時	最強	
h　m	h　m	kn
01　22	04　42	－7.7
07　49	10　54	＋8.5
14　12	17　20	－6.9
20　22	23　11	＋6.6

答 (1) 北流
(2) 14時12分から20時22分まで

(3) 潮流

問 51 次の海峡における潮流の最強流速及び上げ潮流の流向を記せ。
(1) 来島海峡
(2) 関門海峡
(3) 明石海峡

答
	海峡の名称	最強流速	上げ潮流の流向
(1)	来島海峡	10ノット	南流
(2)	関門海峡	8ノット	西流
(3)	明石海峡	7ノット	西流（西北西流）

（注）±1ノットの誤差は許容範囲。

【解説】
　豊後水道から入ってくる上げ潮流は，一方は関門海峡を通り西方向へ，もう一方は来島海峡を通り瀬戸内海中央部へ流れる。また，紀伊水道から入ってくる上げ潮流は明石海峡を通り西方向へ，瀬戸内海中央部へ流れる。

問 52 次の海峡又は水道における潮流の最強流速及び下げ潮流の流向を記せ。
(1) 来島海峡
(2) 関門海峡
(3) 浦賀水道

答
(1) 10ノット，北流
(2) 8ノット，東流
(3) 2ノット，南東流

(4) 海流

問53 右図は，日本近海の海流の概要を示したものである。図中の①〜⑤で示している海流の名称をそれぞれ記せ。4級

答
① 黒潮（日本海流）
② 親潮（千島海流）
③ 対馬海流
④ 東樺太海流
⑤ リマン海流

5 地文航法

(1) 距等圏航法

問54 右図は，距等圏航法における各要素間の関係を示すために用いられる図形である。次の問いに答えよ。
(1) 図中の㋐の名称（用語）を示せ。
(2) ㋐，緯度及び東西距の間には，どのような関係があるか。計算式を示せ。

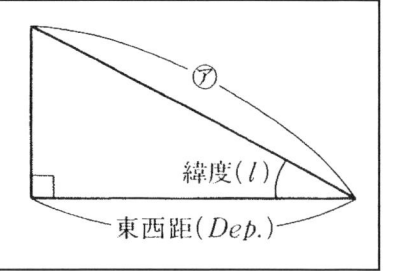

答 (1) 変経（D. long）
(2) 東西距 ＝ 変経 × cos 緯度
$(\text{Dep} = \text{D. long} \times \cos l)$

【解説】
右図直角三角形 ABC（B が直角）においては，

$\sin a = \dfrac{\overline{BC}}{\overline{AC}}$, $\cos a = \dfrac{\overline{AB}}{\overline{AC}}$

$\tan a = \dfrac{\overline{BC}}{\overline{AB}}$ （a：辺 AB と辺 AC をなす角）

が成立する。

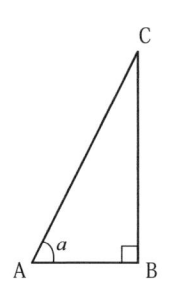

問55 緯度 40°の距等圏上で，経度 1°は何海里か。

答 緯度 40°の距等圏上，経度 1°に相当する部分を a 海里とすると
Dist（Dep）＝ D. L × cos l から
$a = 60 \times \cos 40°$
$ = 60 \times 0.7660$
$ = \underline{45.96}$〔海里〕
（注：赤道上経度 1°は 60 海里である。）

問 56 甲船と乙船はともに 21°− 00′ N の距等圏上にあって，その距離は 280 海里である。いま両船が 12 ノットの速力で真針路 000°に航行した場合，20 時間後の両船の距離はいくらになるか。

答 12〔ノット〕× 20〔時間〕= 240〔海里〕→ 4°
両船とも 21°− 00′ N から 25°− 00′ N へ移動している。
25°− 00′ N における甲乙船間の距離を d〔海里〕とすれば

$$\frac{280}{\cos 21°} = \frac{d}{\cos 25°} \qquad \therefore d = \frac{280 \times \cos 25°}{\cos 21°}$$

が成立する。

$$d = \frac{280 \times 0.9063}{0.9336} = 271.8$$

(答) 271.8 海里

【解説】
緯度が高くなるにつれて，同じ経度差でも距離は小さくなる。

問 57 速力 15 ノットの船が，40°− 00′ N，172°− 20′ E の地点から真針路 090°で航行した場合，日付変更線（180°の経度線）に到達するのは何時間後か。

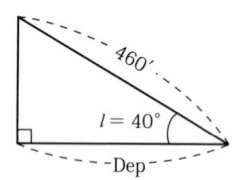

答
L_2　　　180°− 00′ E
L_1　　　172°− 20′ E
D. L.　　　7°− 40′ E
or　　　　460′ E

$$航走時間 = \frac{Dep.}{15} = \frac{460 \times \cos 40°}{15}$$

$$= 23.49 ≒ \underline{23.5 \text{ 時間後}}$$

(答) 23 時間 30 分後

問58 35°−30′N，145°−30′Eの地点から真針路090°で250海里航走した。到着地点の緯度，経度を求めよ。

答 D. L.= Dep. × sec l
   = 250′ × sec 35°−30′
   = 250′ ÷ cos 35°−30′
   = 307.08
   ≒ 307.1′E or 5°−07.1′E
 L_1 145°−30.0′E
 D. L.   5 − 07.1 E （＋
 L_2 150°−37.1′E

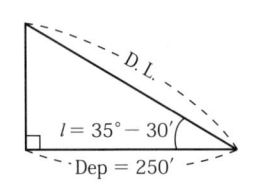

    （答）到着地：緯度 35°−30.0′N，経度 150°−37.1′E

問59 甲船と乙船はともに25°−00′の距等圏上にあって，その距離は314海里である。いま両船が15ノットの速力で真針路000°に航行した場合，20時間後の両船の距離はいくらになるか。

答 $\dfrac{15' \times 20}{60} = 5°$

 甲船，乙船は，20時間後には30°−00′Nの距等圏上にある。このとき両船の距離をDist_2とする。
 25°−00′Nにおける両船の距離をDist_1，0°−00′N（赤道上）における両船の距離をDistとすれば
  $\text{Dist}_1 = \text{Dist} \times \cos 25°$
  $\text{Dist} = \text{Dist}_1 \times \sec 25°$
    = 314 × 1.1034
    = 346.4676（赤道上では両船の距離は346.46海里である）
 また
  $\dfrac{\text{Dist}_2}{\text{Dist}} = \cos 30°$
  $\text{Dist}_2 = \text{Dist} \times \cos 30°$
    = 346.4676 × 0.8660 = 300.0409……〔海里〕

(答) 300 海里

〔別解〕
$$\frac{314}{\cos 25°} = \frac{d}{\cos 30°}$$
$$d = \frac{314 \times \cos 30°}{\cos 25°}$$
$$= 300 \text{〔海里〕（問 56 参照）}$$

問60 38°－30′N, 165°－45′E の地点から真針路 270°で 300 海里航走した。到着地点の緯度, 経度を求めよ。

答 Dep. = 300′
l = 38°－30′N
Dep. = D. L. × cos l
D. L. = Dep × sec l
　　　 = 300′ × 1.2778
　　　 = 383.34′
L_1　　165°－45′E
D.L.　　 6°－23.34′W
L_2　　159°－21.66′E

(答) 到着地：緯度 38°－30′N, 経度 159°－21.66′E

問61 速力 15 ノットの船が, 35°－00′N, 174°－30′W の地点から真針路 270°で航行した場合, 日付変更線 (180°の経度線) に到達するのは何時間後か。

答 Dist = D. L・cos l
L_1　174°－30′W
L_2　180 －00　W
D. L.　5°－30′= 330′
　　　Dep. = 330′ × cos 35°
　　　　　 = 270.336′

$$\frac{270.336}{15} = 18.0224 = 18 時 1 分$$

(答) 18 時間 1 分後

(2) クロス方位法，四点方位法，両測方位法

問 62 クロス方位法による船位の測定に関する次の問いに答えよ。
一般に遠距離の物標よりも近距離の物標を選ぶほうがよい理由を述べよ。

答 測定した方位に誤差が含まれていると，遠距離になるほど誤差の影響が大きくなり，それに応じて船位誤差が大きくなるので近距離の物標が良い。

問 63 沿岸航行中，クロス方位法によって船位を求める場合，物標選定上注意しなければならない事項を 4 つあげよ。

答 （次のうち 4 つ）
① 海図に記載されている顕著な物標を選ぶこと。たとえば灯台，灯標，大煙突，鉄塔，尖った山頂など。
② 灯浮標のような，風・潮流などによって移動する物標は利用しないこと。
③ 遠方の物標は利用しないほうがよい。近距離にある物標を選ぶこと。
④ 方位船の交角に留意すること。2 つの物標を利用するときはできるだけ 90°に近いものがよい。3 つの物標を選ぶときは隣り合う方位線の交角が 60°または 120°が最良であり，30°〜120°となるように選ぶこと。
⑤ 平坦な山頂や砂浜のように，方位を測るべき地点がはっきりしないものは利用しないほうがよい。

問 64 クロス方位法による船位の測定に関する次の問いに答えよ。
1 本の位置の線にトランシットを用いるときの利点を 2 つ述べよ。

答 （次のうち2つ）
① 1個の物標の方位線に比べて，トランシットにはほとんど方位誤差が含まれないので船位の精度が良い。
② 海図に記入するときトランシットについては誤りを生ずることがない。
③ トランシット及びこれと直角に近い角度をもって交差するような方位線を1本利用すれば，短時間のうちに精度の良い船位を得ることができる。

問 65　クロス方位法により，3物標を選んで船位を求める場合，海図上において位置の船が1点に交わらずに三角形ができることがあるが，その原因を述べよ。

答　① 物標の誤認
　　② 物標の方位の測り間違い
　　③ 海図へ記入する際の誤記入
　　④ 測定に時間がかかりすぎた
　　⑤ ジャイロ誤差，自差等の改正の誤り

問 66　方位測定に要する時間については，どのような注意が必要か。

答　各物標の方位測定をできる限り短時間のうち（ほとんど同時）に行うこと。測定の時間間隔が長くなると船位誤差が大きくなる。特に，3つの物標を利用したとき，方位測定に時間がかかると，誤差三角形が大きくなり，当然，船位誤差も大きくなる。

問 67　沿岸航行中，単一物標を利用して四点方位法により船位を求める場合，潮流がないものとして求めた船位と比較して，船首尾線に沿って逆潮流があるときの船位はどのようになるか。図示して説明せよ。

答 右図において，AB を針路線，第 1 回目の方位測定線を AL とする。A から AB 上にある時間内の航程 AC をとり，C から AL に平行な線と，L から AB に垂直な交点を P_1 とすれば，P_1 は，潮流がないとき四点方位法によって得た船位である。

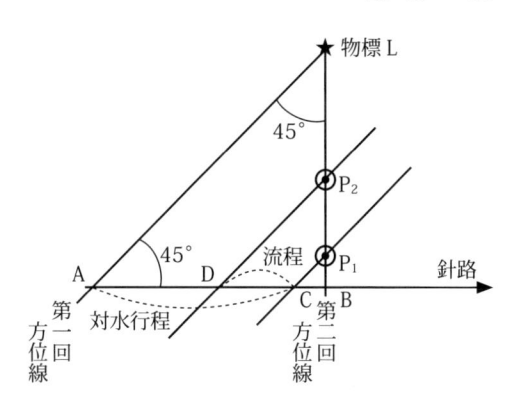

＜逆潮がある場合の船位＞

　潮流がない場合のある時間内の航程 AC をとり，C からこの時間内における逆潮の流程 CD をとる。D から AL に引いた平行線と，L から AB に引いた垂線との交点を P_2 とすれば，P_2 は逆潮があるときの船位であって，船位は潮流がない場合の船位 P_1 よりも陸岸寄りとなる。

問 68　沿岸航行中，単一物標を利用して四点方位法により船位を求める場合，潮流がないものとして求めた船位と比較して，船首尾線に沿って順潮流があるときの船位はどのようになるか。図示して説明せよ。

答　右図において

　AB：潮流がないときの航程
　BC：順潮流の流速

とすれば，AC が順潮流があるときの航程となる。

　したがって，第 1 方位線 LA を，B 点および C 点を通って平行移動し，第 2 方位線との交点をそれぞれ P_1，P_2 とすれば，P_1 が潮流のないときの船位であり，P_2 が順潮流のあるときの船位となり，船位は順潮流の流速分だけ沖に出ることになる。

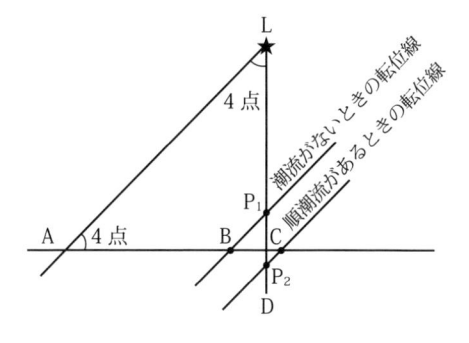

> **問69** 沿岸航行中，方位線の転位による船位測定法（両測方位法）によって船位を求める場合，次の点についてはどのような注意が必要か。
> (1) 第1方位線と第2方位線の交角
> (2) 海潮流や風などの外力の影響
> (3) 針路と速力

答 (1) ① 30°から150°までの範囲内であること。
　　　 ② 90°が最良で，90°に近いほどよい。
　　(2) 海潮流や風などの外力の影響は少ないほどよいが，その方向，強さなどの状態をなるべく正しく知って転位する。
　　(3) 針路と速力は，一定に保持すること。

(3) 針路改正

> **問70** 下表の(1)～(4)に該当する数値等を番号とともに記せ。
>
> | 実航真針路 | 磁針路 | コンパス針路 | 風向 | 風圧差 | 自差 | 偏差 |
> |---|---|---|---|---|---|---|
> | (1) | 126° | 128° | NE | 3° | (2) | 4°W |
> | 178° | (3) | (4) | W | 5° | 3°E | 6°W |

答 (1) 磁針路　　　　126°
　　　　偏差　　　　　4°W　（－
　　　　真針路　　　　122°
　　　　風圧差　　　　3°　　（＋
　　　　実航真針路　　125°
　　(2) コンパス針路　128°
　　　　磁針路　　　　126°
　　　　自差　　　　　2°W
　　(3) 実航針路　　　178°
　　　　風圧差　　　　5°　　（＋
　　　　真針路　　　　183°
　　　　偏差　　　　　6°W　（＋

	磁針路	189°
(4)	自差	3° E (－
	コンパス針路	186°

問71 下表の(1)～(4)に該当する数値等を番号とともに記せ。

実航真針路	磁針路	コンパス針路	風向	風圧差	自差	偏差
(1)	156°	160°	NE	5°	(2)	6° W
230°	(3)	(4)	NW	4°	2° E	5° W

答 (1) 155° W
(2) 4° W
(3) 239°
(4) 237°

(4) 海図による船位，針路，航程

問72 試験用海図 No.15（⊕は，30°N，140°E で，この海図に引かれている緯度線，経度線の間隔はそれぞれ 30′ である。）を使用して，次の問いに答えよ。
(1) A丸（速力12ノット）は，0900 中島灯台の真南7海里の地点を発し，30°－40′ N，140°－45′ E の地点まで直行する予定である。次の①～③を求めよ。ただし，この海域には，流向130°（真方位），流速3ノットの海流があり，ジャイロ誤差はない。
　① A丸がとらなければならないジャイロコース
　② A丸の実速力
　③ 黄岬灯台が正横となる時刻
(2) B丸（速力15ノット）は，ジャイロコース232°（誤差なし）で航行中，1010 鹿島灯台のジャイロコンパス方位を 277°に測り，その後も同一の針路，速力で航行し，1100 再び同灯台のジャイロコンパス方位を 350°に測った。1100 のB丸の船位（緯度，経度）を求めよ。ただし，風潮の影響はない。

答 (1) ① 277°
　　② 9.6ノット
　　③ $12^h - 15.6^m$
(2) 30°－ 14.8′ N
　　139°－ 42.7′ E

【解説】
(1) (流潮航法)
　①，② 中島灯台の真南 7 海里の地点 A 及び 30°－ 40′ N，140°－ 45′ E の地点 B を海図上に求め，両地点を直線で結ぶ。これが A 丸の実航針路である。
　　次に，出発地 A から流向 130°，流速 3 ノット（1 時間分）流してその地点を N とする。N から A 丸の対水速力（12 ノット）を半径とする円弧を描き，A 丸の実航針路 AB との交点 T を求める。
　　これにより A 丸のとるべき針路は矢印 NT 方向 277° となり実速力は，AT の長さの 9.6 ノットとなる。
　③ A 丸が黄岬灯台を真横に見る地点は，黄岬灯台から A 丸の視針路（実航針路ではない。）NT の延長線上に直角に下ろした垂線が，A 丸の実航針路 AB と交わる点 C となる。そこで実航程 AC（31.3 海里）を実速力 9.6 ノットで割ると 3.26^h すなわち $3^h - 15.6^m$，これに出発時刻 $09^h - 00^m$ を加え $12^h - 15.6^m$（正横時刻）が求められる。
(2) (両測方位法)
　鹿島灯台を通る真方位 277°の方位線と 350°の方位線をそれぞれ海図上に記入する。前者は 1010 の B 丸の第 1 回方位線，後者は 1100 における B 丸の第 2 回方位線である。
　第 1 回方位線の任意の 1 点から，B 丸のとった真針路（ジャイロ

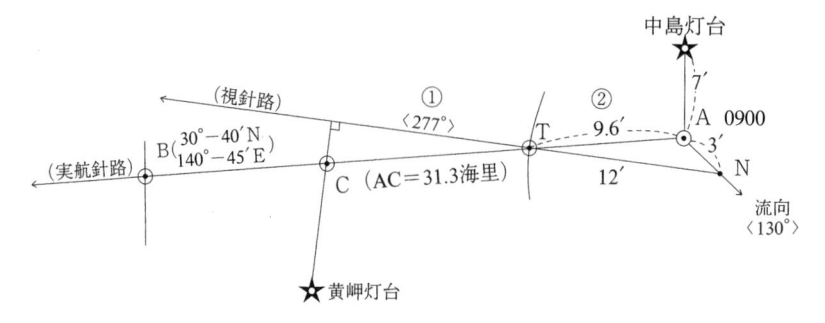

コース）232°の針路線を記入し，その線上で，A丸からB丸の50分間（1010～1100）の航程12.5海里（15×（50／60）＝12.5）を隔てた地点Bを求める。

　B点を通る第1回方位線と並行な直線を記入する。（1100時におけるB丸の転位線である。）

　ゆえに，1100の船位は，この転位線と第2回方位線との交点Pとなり，30°－14.8′N，139°－42.7′Eが求める位置となる。

【参考】

　海図に関する解答中の数値の誤差について

　針路については1／2度，船位については1／2分，航程については1／2海里程度は許容範囲と思われる。

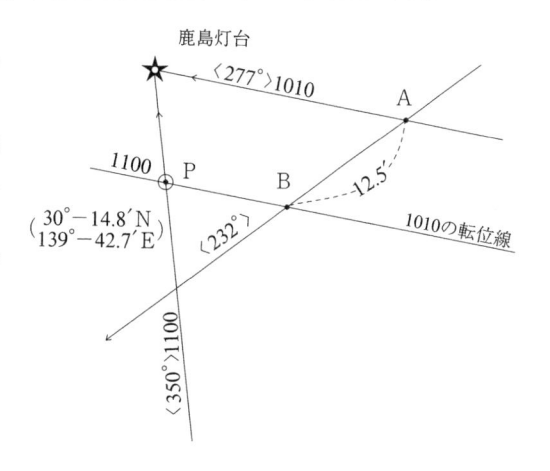

問 73 試験用海図 No.15（⊕は，30°N，140°Eで，この海図に引かれている緯度線，経度線の間隔はそれぞれ30′である。）を使用して，次の問いに答えよ。

(1) A丸（速力14ノット）は，1000黒埼灯台から真方位290°，距離5海里の地点を発し，ジャイロコース190°（誤差なし）で航行した。この海域には，流向230°（真方位），流速3ノットの海流があるものとして，次の①，②を求めよ。

① 実航真針路及び実速力

② 赤岬灯台が正横となる時刻及び正横距離

(2) B丸（速力15ノット）は，ジャイロコース082°（誤差なし）で航行中，1045黄埼灯台のジャイロコンパス方位を110°に測り，その後も同一の針路，速力で航行し，1200再び同灯台のジャイロコンパス方位を190°に測った。1200のB丸の船位（緯度，経度）を求めよ。ただし，風潮の影響はない。

[答] (1) ① 197°, 16.5ノット
　　　② $11^h - 35^m$, 7.6 海里
　(2) 30°− 41.7′ N,
　　　141°− 15.8′ E

【解説】
(1)（流潮航法）
　① 海図上に次の各点をそれぞれ記入する。
　　　A：黒埼灯台から 290°, 5 海里の地点
　　　B：A から 190°, 14 海里の地点
　　　C：B から流向 230°, 流速 3 ノットの海流に流された地点
　　これにより <u>AT の方位 197°</u> が A 丸の実航真針路，<u>距離 AT16.5 海里</u> が A 丸の実速力である。
　② C：赤岬灯台から視針路 AB の延長線上へ直角に下ろした垂線が，実航針路 AT の延長線上と交わる地点
　　これにより赤岬灯台から C 地点までの <u>距離 7.6 海里</u> が正横距離であり，AC（26 海里）を実速力（16.5 ノット）で割れば A から C までの時間が求められ，これに出発時刻を加える。

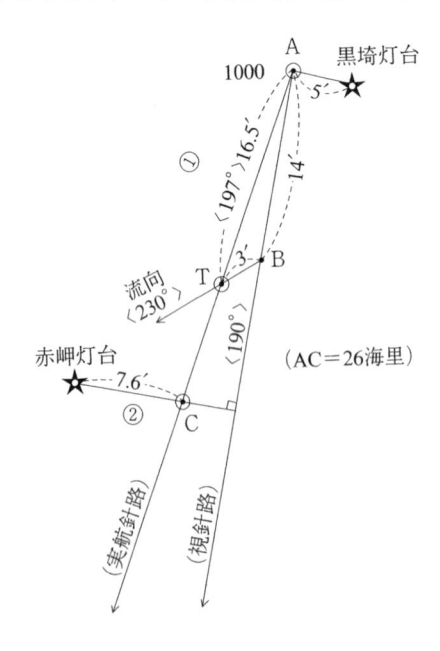

$\left.\begin{array}{l}\text{AC}:26'\\\text{AT}:16.5'\end{array}\right\}\dfrac{26}{16.5}=1.5757^{\text{h}}\fallingdotseq 1^{\text{h}}-35^{\text{m}}$

$\phantom{\left.\begin{array}{l}\text{AC}:26'\\\text{AT}:16.5'\end{array}\right\}\dfrac{26}{16.5}=1.5757^{\text{h}}\fallingdotseq}\underline{10^{\text{h}}-00^{\text{m}}}\ (+$

$\phantom{\left.\begin{array}{l}\text{AC}:26'\\\text{AT}:16.5'\end{array}\right\}\dfrac{26}{16.5}=1.5757^{\text{h}}\fallingdotseq}\underline{11^{\text{h}}-35^{\text{m}}}\ (正横時刻)$

(2) （両測方位法）

海図上（黄岬灯台沖）に任意のジャイロコース082°を記入する。

A：1045 黄岬灯台110°の方位線とジャイロコース082°との交点

B：Aから1時間15分（1045〜1200）航走した距離（18.75海里）をとった地点（15 × 1.25^{h} = 18.75）

P：黄岬灯台190°の方位線とB点を通る1045の転移線との交点，1200の位置である。

$\begin{pmatrix}30°-41.7'\ \text{N}\\141°-15.8'\ \text{E}\end{pmatrix}$

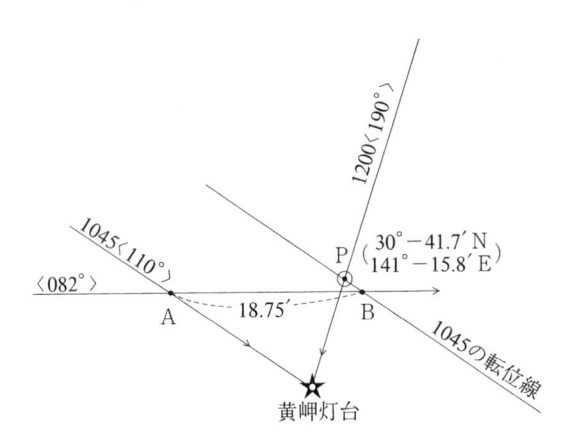

問 74 試験用海図 No.15（⊕は，32°N，140°E で，この海図に引かれている緯度線，経度線の間隔はそれぞれ 30′ である。）を使用して，次の問いに答えよ。

(1) A 丸（速力 13 ノット）は，2000 緑埼灯台の真西 8 海里の地点を発し，馬島灯台の真西 7 海里の地点まで直航する予定である。次の①〜③を求めよ。ただし，この海域には，流向 120°（真方位），流速 3 ノットの海流があり，ジャイロ誤差はない。
  ① A 丸がとらなければならないジャイロコース
  ② A 丸の実速力
  ③ 中島灯台の灯光の初認が予想される真方位とその時刻（A 丸からの同灯台の灯光の初認距離を 19 海里とする。）

(2) B 丸（速力 15 ノット）は，ジャイロコース 057°（誤差なし）で航行中，1036 鹿島灯台のジャイロコンパス方位を 013°に測り，その後も同一の針路，速力で航行し，1200 再び同灯台のジャイロコンパス方位を 288°に測った。1200 の B 丸の船位（緯度，経度）を求めよ。ただし，風潮の影響はない。

答 (1) ① 354.5°
   ② 11.5 ノット
   ③ 047°，$22^{h}-44^{m}$
(2) 32°−19.5′ N
   139°−56.7′ E

【解説】
(1)（流潮航法）
  ①，② A：緑埼灯台の真西 8 海里の地点
     B：馬島灯台の真西 7 海里の地点
     N：Aから流向 120°，流速 3 ノット（1 時間）の海流に流された地点
     T：NからA丸の速力 13 ノットでとった円弧と実航針路 AB 線との交点（2100 の船位）

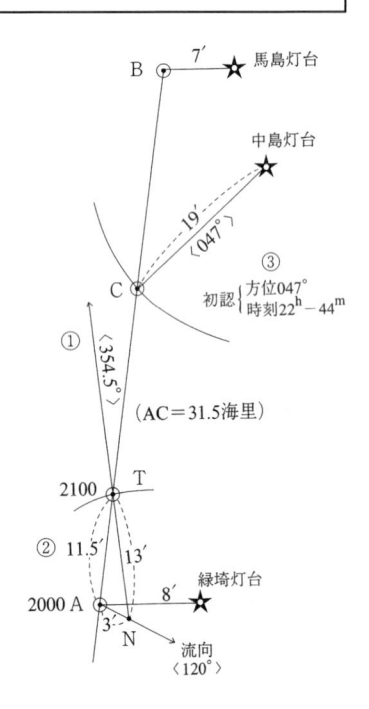

これによりＡ丸のとるべきジャイロコースは矢印 NT の方向 354.5°，実速力は AT の長さ 11.5 ノットとなる。

③ C：中島灯台から灯台の初認距離 19 海里を半径とする円弧と実航針路線 AB とが交わる地点，故に C から中島灯台の方位 047°が初認方位であり AC の距離（31.5 海里）を実速力（11.5 ノット）で割れば初認時刻が求められる。

$$\left.\begin{array}{l} AC : 31.5' \\ AT : 11.5' \end{array}\right\} \frac{31.5}{11.5} = 2.739^h \fallingdotseq 2^h - 44^m$$

$$\underline{20^h - 00^m}\,(+$$
$$\underline{22^h - 44^m}\,(初認時刻)$$

(2) （両測方位法）

海図上（鹿島灯台沖）に任意のジャイロコース 057°を記入する。

A：1036，鹿島灯台 013°の方位線とジャイロコース 057°との交点

B：Ａから 1 時間 24 分（1036～1200）航走した距離 21 海里をとった地点（15 × 1.4 = 21）

P：鹿島灯台 288°の方位線と B 線を通る 1036 の転移線との交点，Ｂ丸の 1200 の位置である。

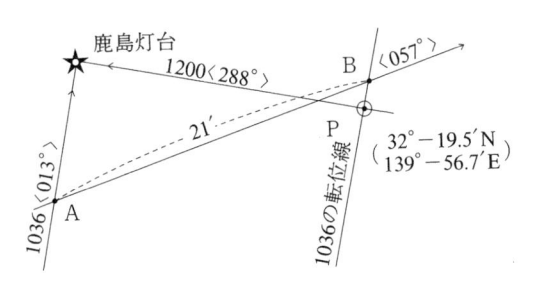

$$\begin{bmatrix} 32° - 19.5'\,N \\ 139° - 56.7'\,E \end{bmatrix}$$

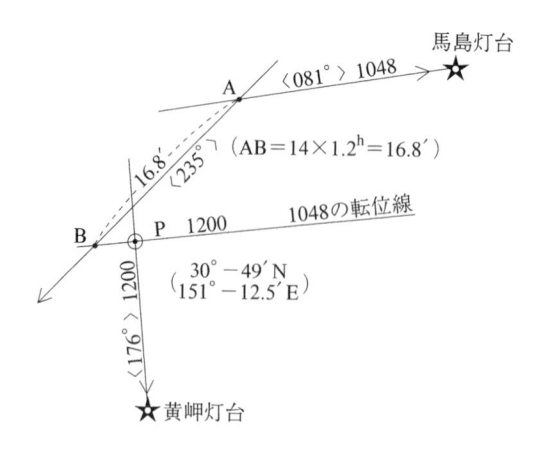

問75 試験用海図 No.15（⊕は，30°N，150°E で，この海図に引かれている緯度線，経度線の間隔はそれぞれ 30′ である。）を使用して，次の問いに答えよ。

(1) A丸（速力14ノット）は，ジャイロコース235°（誤差なし）で航行中，1048 馬島灯台のジャイロコンパス方位を081°に測定したのち同灯台は見えなくなり，その後も同一の針路，速力で航行を続け，1200 黄岬灯台のジャイロコンパス方位を176°に測定した。

　　1200 の A 丸の船位（緯度，経度）を求めよ。ただし，風潮の影響はない。

(2) B丸（速力16ノット）は，30°－02′N，149°－56′E の甲地点から 31°－03′N，150°－21′E の Z 地点まで直航する予定である。次の①～③を求めよ。ただし，この海域には，流向240°（真方位），流速3ノットの海流があり，ジャイロ誤差はない。

① B丸がとらなければならないジャイロコース
② B丸の実速力
③ 甲地点から乙地点に至る所要時間

答 (1) （両測方位法）
　　　　30°－49′N
　　　151°－12.5′E

(2) (流潮航法)
　① 027°
　② 13.7ノット
　③ $4^h - 43^m$

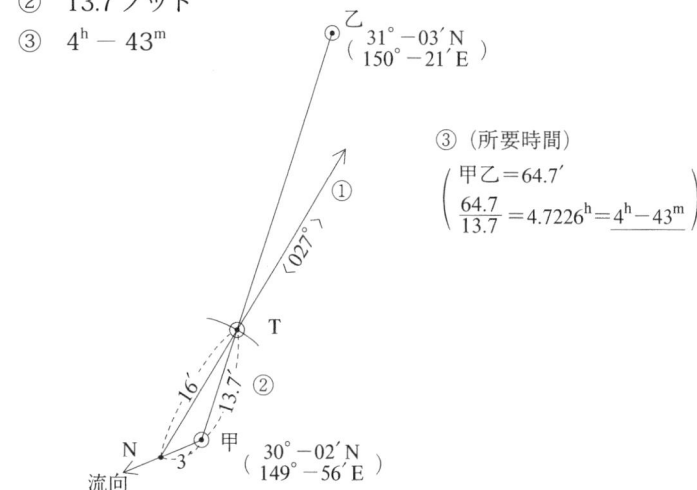

乙 $\begin{pmatrix} 31°-03'\text{N} \\ 150°-21'\text{E} \end{pmatrix}$

③ (所要時間)
$\begin{pmatrix} 甲乙 = 64.7' \\ \dfrac{64.7}{13.7} = 4.7226^h = 4^h-43^m \end{pmatrix}$

甲 $\begin{pmatrix} 30°-02'\text{N} \\ 149°-56'\text{E} \end{pmatrix}$

流向 〈240°〉

問76 試験用海図 No.15（⊕は，32°N，140°E で，この海図に引かれている緯度線，経度線の間隔はそれぞれ30′である。）を使用して，次の問いに答えよ。

(1) A丸（速力12ノット）は，2000 中島灯台の真南6海里の地点を発し，白埼灯台の真北7海里の地点まで直航する予定である。次の①～③を求めよ。ただし，この海域には，流向140°（真方位），流速3ノットの海流があり，ジャイロ誤差はない。
　① A丸がとらなければならないジャイロコース
　② A丸の実速力
　③ 黄岬灯台の灯光の初認が予想される真方位とその時刻（A丸からの同灯台の灯光の初認距離を16海里とする。）

(2) B丸（速力15ノット）は，ジャイロコース070°（誤差なし）で航行中，1048 浜埼灯台のジャイロコンパス方位を026°に測り，その後も同一の針路，速力で航行し，1200 再び同灯台のジャイロコンパス方位を295°に測った。1200のB丸の船位（緯度，経度）を求めよ。ただし，風潮の影響はない。

44

答 (1) (流潮航法)

① ジャイロコース：275°
② 実速力　　　：10.0ノット
③ 初認の真方位：240°
　 初認の時刻　：$21^h - 52^m$

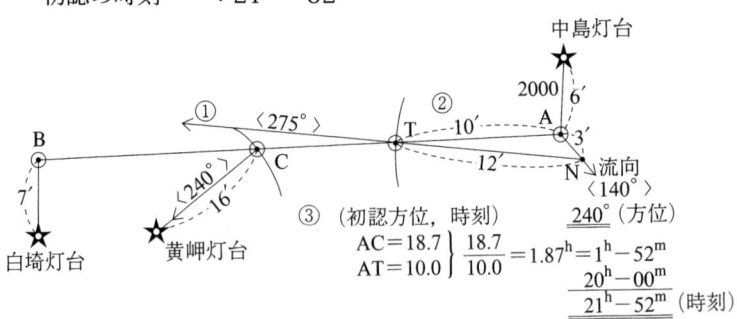

$$\left.\begin{array}{l} AC = 18.7 \\ AT = 10.0 \end{array}\right\} \frac{18.7}{10.0} = 1.87^h = 1^h - 52^m$$

③ (初認方位, 時刻)　　240° (方位)
　　　　　　　　　　　$20^h - 00^m$
　　　　　　　　　　　$\overline{21^h - 52^m}$ (時刻)

(2) (両測方位法)

　経度： 32°－56.3′N
　緯度：141°－08.5′E

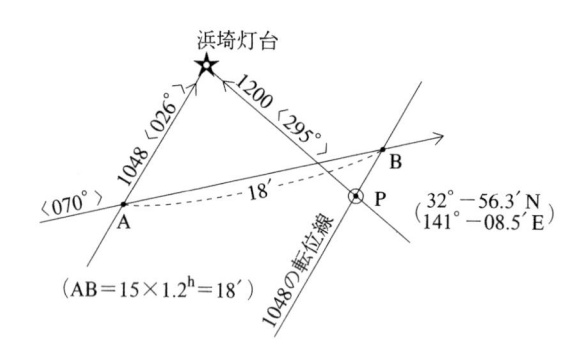

(AB = 15 × 1.2^h = 18′)

航海　45

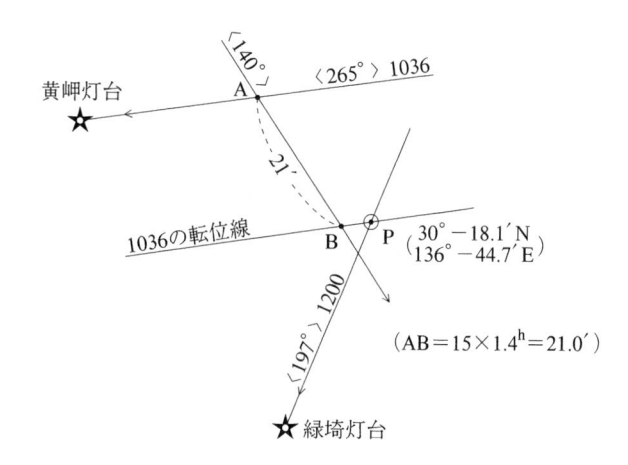

> **問77** 試験用海図 No.15（⊕は，30°N, 135°E で，この海図に引かれている緯度線，経度線の間隔はそれぞれ 30′ である。）を使用して，次の問いに答えよ。
>
> (1) A 丸（速力 15 ノット）は，ジャイロコース 140°（誤差なし）で航行中，1036 黄岬灯台のジャイロコンパス方位を 265°に測定したのち同灯台は見えなくなり，その後も同一の針路，速力で航行を続け，1200 緑埼灯台のジャイロコンパス方位を 197°に測定した。1200 の A 丸の船位（緯度，経度）を求めよ。ただし，風潮の影響はない。
>
> (2) B 丸（速力 14 ノット）は，30°−57′ N, 135°−55′ E の甲地点から 30°−20′ N, 135°−40′ E の Z 地点まで直航する予定である。次の①〜③を求めよ。ただし，この海域には，流向 060°（真方位），流速 3 ノットの海流があり，ジャイロ誤差はない。
>   ① B 丸がとらなければならないジャイロコース
>   ② B 丸の実速力
>   ③ 甲地点から乙地点に至る所要時間

答 (1)（両測方位法）
　　30°− 18.1′ N
　　136°− 44.7′ E

図中：
〈140°〉　A　〈265°〉1036
黄岬灯台 ☆
21′
1036の転位線　B　● P （30°− 18.1′ N, 136°− 44.7′ E）
〈197°〉1200
（AB = 15 × 1.4^h = 21.0′）
☆ 緑埼灯台

(2) (流潮航法)
① 207°
② 11.8ノット
③ $3^h - 19^m$

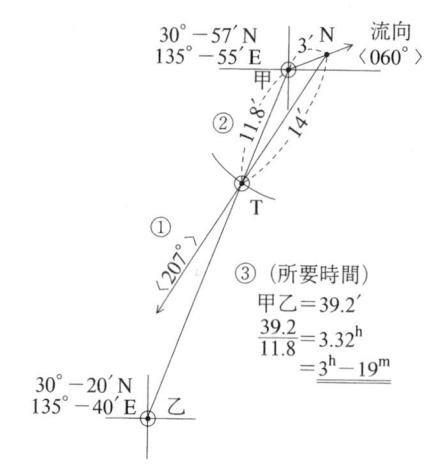

30°－57′N　　3′N　　流向
135°－55′E　　　　　〈060°〉
　　　　　　甲
　　　②　11.8　　14
　　　　　T
　①
　207′

③（所要時間）
甲乙＝39.2′
$\frac{39.2}{11.8} = 3.32^h$
　　＝ $3^h - 19^m$

30°－20′N
135°－40′E 乙

問78 試験用海図 No.16（⊕は，30°N，140°Eで，この海図に引かれている緯度線，経度線の間隔はそれぞれ10′である。）を使用して，次の問いに答えよ。

(1) A丸は，1000 冬島灯台の真東5海里の地点を発し，30°－20′N，139°－57′Eの地点へ2時間で直行する予定である。次の①と②を求めよ。ただし，この海域には，流向020°（真方位），流速2ノットの海流があり，ジャイロ誤差はない。
　① A丸がとらなければならないジャイロコース及び対水速力
　② 犬埼灯台が正横となる時刻

(2) B丸（速力13ノット）は，ジャイロコース240°（誤差なし）で航行中，1014 島埼灯台のジャイロコンパス方位を202°に測り，その後も同一の針路，速力で航行し，1050 再び同灯台のジャイロコンパス方位を115°に測った。1050 のB丸の船位（緯度，経度）を求めよ。ただし，風潮の影響はない。

答 (1) ① ジャイロコース：327°，対水速力：12.1ノット
　　　　② $11^h - 23^m$（正横時刻）
　　(2) 30°－21.2′N
　　　　139°－37.5′E

航海 **47**

【解説】
(1) (流潮航法)
① 冬島灯台の真東5海里の地点A及び30°−20′N, 139°−57′Eの位置Bを海図に記入し, 両地点を直線で結ぶ。これがA丸の実航針路である。次に, 直線ABの中間点 (AB/2 = 26.8/2 = 13.4), Aから13.4海里を求めTとする。(1000から1^h-00^m航走後の位置) 出発地Aから流向020°, 流速2ノット (1時間分) 流してその地点をNとする。これによりNからTへ向けて直線を引くと, とるべき真針路 (ジャイロコース) は, 矢印NT方向327°となり, 求める対水速力 (実速力ではないことに注意) は, NTの長さ12.1ノットとなる。(海図No.15で出題された流潮航法問題の裏返しの設問であることに注意すれば解答できる。)
② A丸の1000の出発地Aから指針路 (とるべき真針路) 327°を海図上に記入する。
　A丸が犬埼灯台を正横に見る地点は, 犬埼灯台から上記 (視針路) 線上に直角に下ろした垂線が, A丸の実航針路ABと交わる点Cとなる。A丸の実速力は13.4ノット, 出発地点Aから犬埼灯台が正横となるまでの距離は18.5海里であるので,

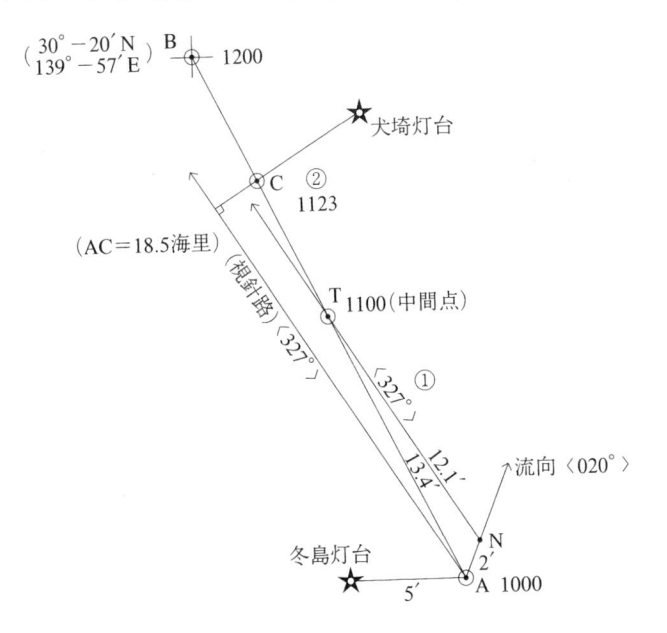

$18.5 / 13.4 = 1.38059\cdots\cdots$
$= 1^{h} - 22.8^{m}$
$\underline{10^{h} - 00^{m}}$ (+
$11^{h} - 22.8^{m}$ (≒ $11^{h} - 23^{m}$)（正横時刻）

(2) （両測方位法）

　鳥埼灯台を通る真方位202°の方位線と115°の方位線を海図上にそれぞれ記入する。前者は，B丸の1014の第1回方位線，後者は1050におけるB丸の第2回方位線である。

　第1回方位線の任意の1点Aから，B丸のとった真針路（ジャイロコース）240°の針路線を記入し，その線上で，A地点からB丸の36分間（1014～1050）の航程（13×（36/60）= 7.8）を隔てた地点Bを求める。

　B点を通る第1回方位線と平行な直線を記入する。（1050におけるB丸の転位線である。）

　ゆえに，1050の船位は，この転位線と第2回方位線との交点Pとなり，30°－21.2′N，139°－37.5′Eが求める船位である。（海図No.15とNo.16とでは，距離尺が大きく異なっているので，距離目盛りに十分注意すること。）

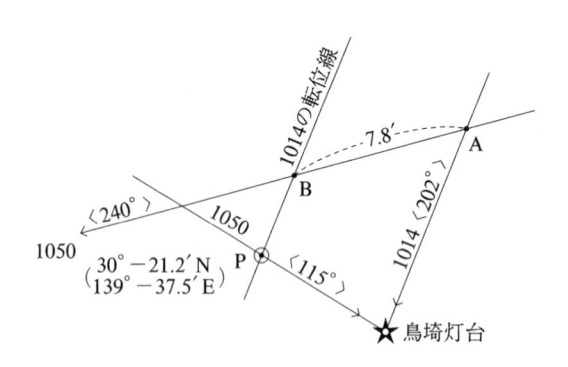

航海　49

問79　試験用海図 No.16（⊕は，30°N，135°Eで，この海図に引かれている緯度線，経度線の間隔はそれぞれ10′である。）を使用して，次の問いに答えよ。
(1) A丸（速力13ノット）は，1000鶴岬灯台の真北4海里の地点を発し，前島灯台を右げん3海里で航過する予定である。次の①～③を求めよ。ただし，この海域には，流向240°（真方位），流速3ノットの海流がある。
　① A丸がとらなければならない磁針路
　② A丸の実速力
　③ 前島灯台が右げん3海里となる時刻
(2) B丸（速力13ノット）は，ジャイロコース067°（誤差なし）で航行中，1048鳥埼灯台のジャイロコンパス方位を112°に測定したのち同灯台は見えなくなり，その後も同一の針路，速力で航行を続け，1200竹岬灯台のジャイロコンパス方位を030°に測定した。1200のB丸の船位（緯度，経度）を求めよ。ただし，風潮の影響はない。

答　(1)　①　296°
　　　　②　15.1ノット
　　　　③　$11^h - 21^m$
　　(2)　30°- 27.8′ N
　　　　134°- 54.4′ E

【解説】
(1)（流潮航法）
　①，②　最初に，鶴岬灯台の真北4海里の地点Aを海図に記入する。
　次に前島灯台から半径3海里の円弧（灯台を右げんに見る側）を描き，Aから円弧に接するように直線を引き，その交点をBとする。（Bは前島灯台から直線ABへ垂直に下ろした点である。）
　出発地Aから流向240°，流速3ノット（1時間分）流してその地点をNとする。NからA丸の対水速力（13ノット）を半径とする円弧を描き，A丸の実航針路ABとの交点Tを求める。A丸のとるべき針路（磁針路）は，矢印NT方向296°となり，実速力は，ATの長さ15.1ノットとなる。（求める針路は磁針路であることに注意すること。）

③　AからBまでの距離は20.4海里，実速力は15.1ノットであるので，$20.4 \div 15.1 = 1.351^h = 1^h - 21^m$，これに出発時刻1000を加えて$\underline{11^h - 21^m}$（右げん3海里となる時刻）が求められる。

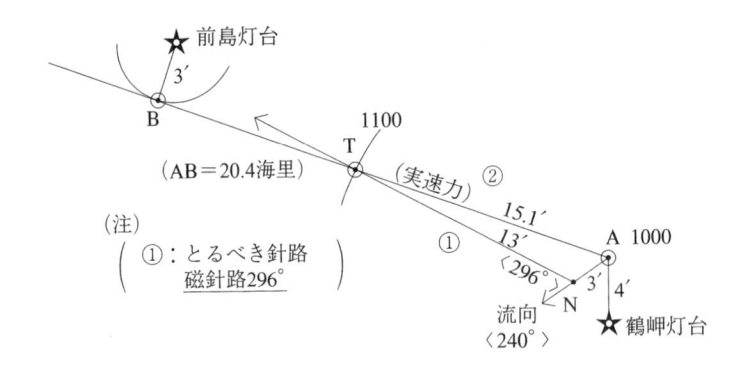

(2)　（両測方位法）

　　島埼灯台を通る真方位112°の方位線と竹岬灯台を通る真方位030°の方位線をそれぞれ海図上に記入する。前者はB丸の第1回方位線，後者は1200におけるB丸の第2回方位線である。（2つの方位線が2灯台にわたっていることに注意のこと。）

　　第1回方位線の任意の1点AからB丸のとったジャイロコース067°の針路線を記入し，その線上で，A地点からB丸の1時間12分（1048から1200）の船程（$13 \times 1.2 = 15.6$）を隔てた地点Bを求める。B点を通る第1回方位線と並行な直線を記入する。（1200における転位線である。）

　　ゆえに，1200の船位は，この転位線と第2回方位線との交点Pとなり，$\underline{30° - 27.8' N, 134° - 54.4' E}$が求める位置となる。

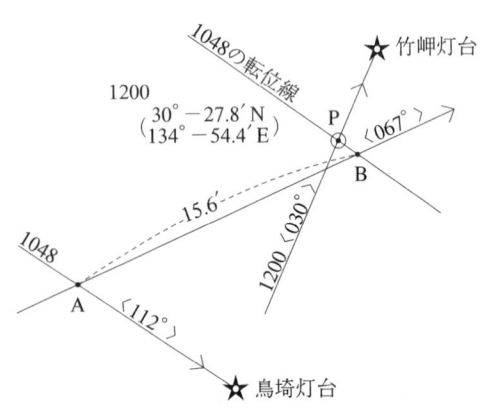

問80 試験用海図 No.16（⊕は，40°N，138°Eで，この海図に引かれている緯度線，経度線の間隔はそれぞれ 10′ である。）を使用して，次の問いに答えよ。
(1) A丸（速力12ノット）は，0900に40°−32′N，137°−40′Eの地点を発し，40°−03′N，138°−07′Eの地点まで直航する予定である。次の①〜③を求めよ。ただし，この海域には，流向110°（真方位），流速2ノットの海流があり，ジャイロ誤差はない。
① A丸がとらなければならないジャイロコース
② A丸の実速力
③ 馬埼灯台が正横となる時刻
(2) B丸（速力15ノット）は，ジャイロコース293°（誤差なし）で航行中，1136鶴岬灯台のジャイロコンパス方位を238°に測り，その後も同一の針路，速力で航行し，1200再び同灯台のジャイロコンパス方位を157°に測った。1200のB丸の船位（緯度，経度）を求めよ。ただし，風潮の影響はない。

答 (1) ① 150°
② 13.5ノット
③ $10^h - 54^m$（正横時刻）
(2) 40°− 23.0′ N
138°− 01.9′ E

【解説】
(1) （流潮航法）
①，② 海図上に 40°− 32′ N，137°− 40′ E の地点A及び 40°− 03′ N，138°− 07′ E の地点Bをそれぞれ記入しABを直線で結ぶ。(A丸の実航針路である。)
次に出発地Aから流向110°，流速2ノット（1時間分）流してその地点をNとする。NからA丸の対水速力（12ノット）を半径とする円弧を描き，A丸の実航針路ABとの交点Tを求める。ゆえに，A丸のとるべき針路は，矢印NT方向150°となり，実速力は，ATの長さ13.5ノットとなる。
③ A丸が馬埼灯台を正横に見る地点は，馬埼灯台からA丸の視針路NTの延長線上に直角に下ろした垂線がA丸の実航針路ABと交

わる点Cとなる。

　AC（25.7海里）を実速力（13.5ノット）で割ると1.9037^h すなわち1^h－54^m，これに出発時刻0900を加え10^h－54^m（正横時刻）が求められる。

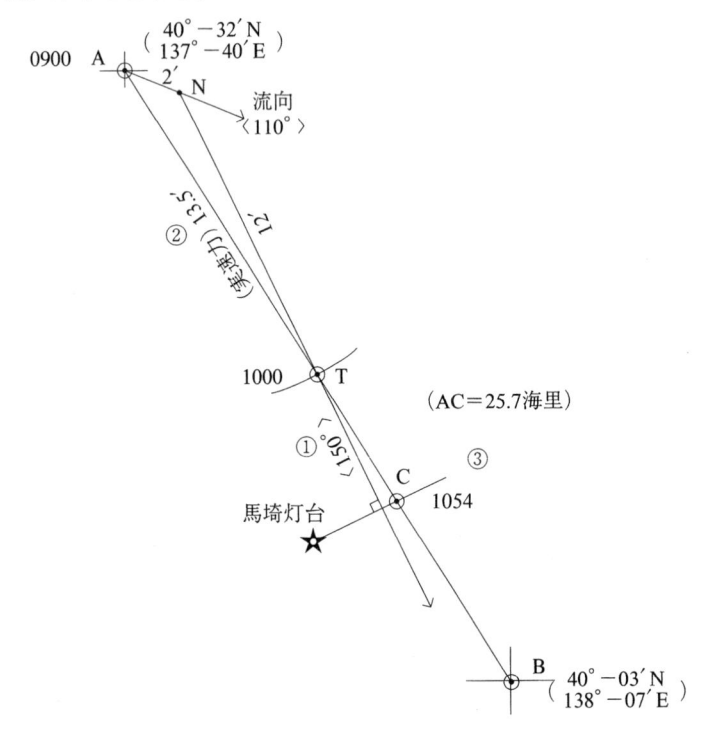

```
         ( 40°-32′N )
  0900 A   137°-40′E
         2′ N    流向
                 〈110°〉

             ②（実速力13.5）
                    12′

             1000  T
                        （AC＝25.7海里）
              〈150〉
                    C    ③
         馬埼灯台   1054
              ☆

                       B  ( 40°-03′N )
                          ( 138°-07′E )
```

(2)（両測方位法）

海図上（鶴岬灯台北沖）に任意のジャイロコース293°を記入する。

A：11336 鶴岬灯台238°の方位線とジャイロコース293°との交点

B：Aから24分（1136～1200）航走した距離6′をとった地点（15×0.4^h＝6）。

P：鶴岬灯台157°の方位線とB点を通る1136の転移線との交点，1200の位置である。

航　海　53

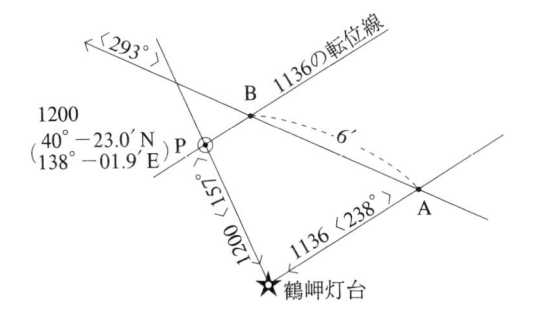

```
        ⟨293°⟩
              B  1136の転位線
    1200              ・
   (40°-23.0′N) P ⊙        ⌒6′
   (138°-01.9′E)  ⟨157°⟩    ⟍
                   1200  1136 ⟨238°⟩  A
                          ☆ 鶴岬灯台
```

問 81　試験用海図 No.16（⊕は，30°N，140°E で，この海図に引かれている緯度線，経度線の間隔はそれぞれ 10′ である。）を使用して，次の問いに答えよ。

(1) A 丸（速力 13 ノット）は，1000 冬島灯台の真東 5 海里の地点を発し，30°−25′N，139°−55′E の地点まで直行する予定である。次の①～③を求めよ。ただし，この海域には，流向 110°（真方位），流速 2 ノットの海流があり，ジャイロ誤差はない。
　① A 丸がとらなければならないジャイロコース
　② A 丸の実速力
　③ 犬埼灯台が正横となる時刻

(2) B 丸（速力 13 ノット）は，ジャイロコース 275°（誤差なし）で航行中，1124 沖ノ島灯台のジャイロコンパス方位を 240° に測り，その後も同一の針路，速力で航行し，1200 再び同灯台のジャイロコンパス方位を 163° に測った。1200 の B 丸の船位（緯度，経度）を求めよ。ただし，風潮の影響はない。

答　(1)（流潮航法）
　　① 328°
　　② 11.7 ノット
　　③ $11^h-35.4^m$（正横時刻）

B $\begin{pmatrix}30°-25'\text{ N}\\139°-55'\text{ E}\end{pmatrix}$

③ TC＝6.9海里

$\dfrac{6.9}{11.7}=0.5897^h$
$=35.4^m$

11^h-00^m
$\underline{35.4^m}(+$
$11^h-35.4^m$
（正横時刻）

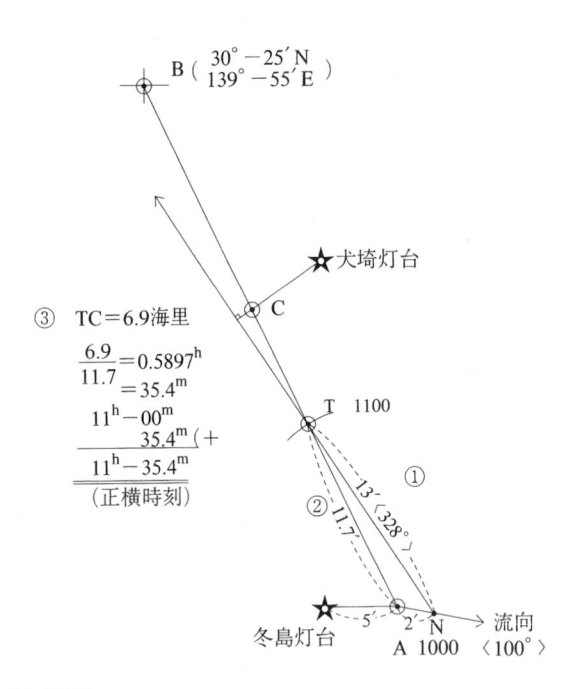

☆犬埼灯台

C

T 1100

①

13′ 〈328°〉

②11.7

☆
冬島灯台

5′ 2′ N →流向
A 1000 〈100°〉

(2) （両測方位法）

30°− 02.3′ N
139°− 59.6′ E

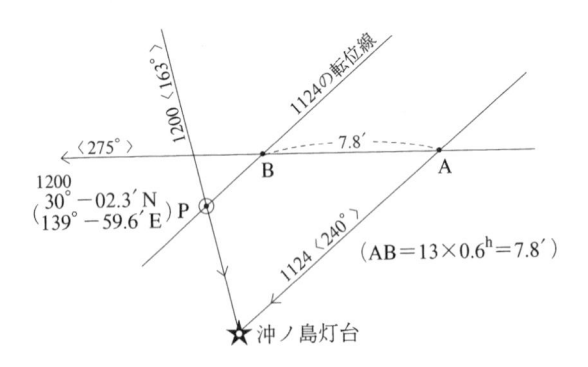

1124の転位線

1200〈163°〉

〈275°〉 ← 7.8′

B A

1200
$\begin{pmatrix}30°-02.3'\text{ N}\\139°-59.6'\text{ E}\end{pmatrix}$ P

1124〈240°〉 (AB＝13×0.6^h＝7.8′)

☆沖ノ島灯台

問 82　試験用海図 No.16（⊕は，40°N，138°E で，この海図に引かれている緯度線，経度線の間隔はそれぞれ 10′ である。）を使用して，次の問いに答えよ。

(1)　A 丸（速力 15 ノット）は，ジャイロコース 218°（誤差なし）で航行中，1112 犬埼灯台のジャイロコンパス方位を 280°に測定したのち同灯台は見えなくなり，その後も同一の針路，速力で航行を続け，1200 沖ノ島灯台のジャイロコンパス方位を 195°に測定した。1200 の A 丸の船位（緯度，経度）を求めよ。ただし，風潮の影響はない。

(2)　B 丸は，1200 犬埼灯台から 200°（真方位）5 海里の地点を発し，前島灯台の真北 4 海里の地点へ 2 時間で直航する予定である。次の①及び②を求めよ。
　　ただし，この海域には，流向 340°（真方位），流速 3 ノットの海流があり，ジャイロ誤差はない。
①　B 丸がとらなければならないジャイロコース及び対水速力
②　鳥埼灯台が正横となる時刻

答　(1)　（両測方位法）
　　　　40°− 04.2′ N
　　　138°− 03.5′ E

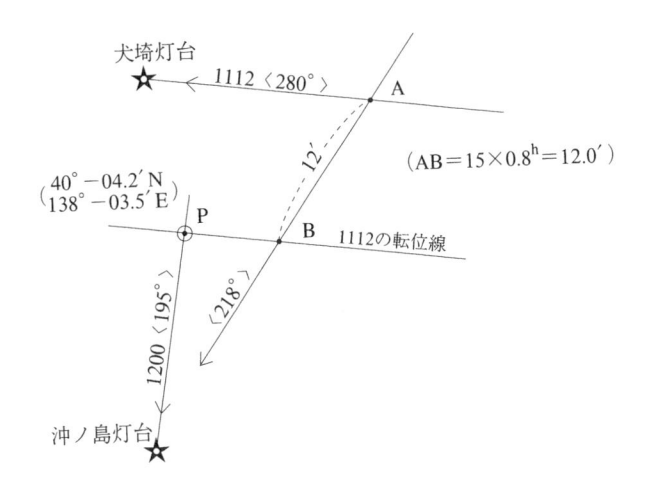

(2) （流潮航法）
　① ジャイロコース：316°
　　　対水速力：12.1ノット（実速力 15 ノット）
　② $13^h - 10^m$（正横時刻）

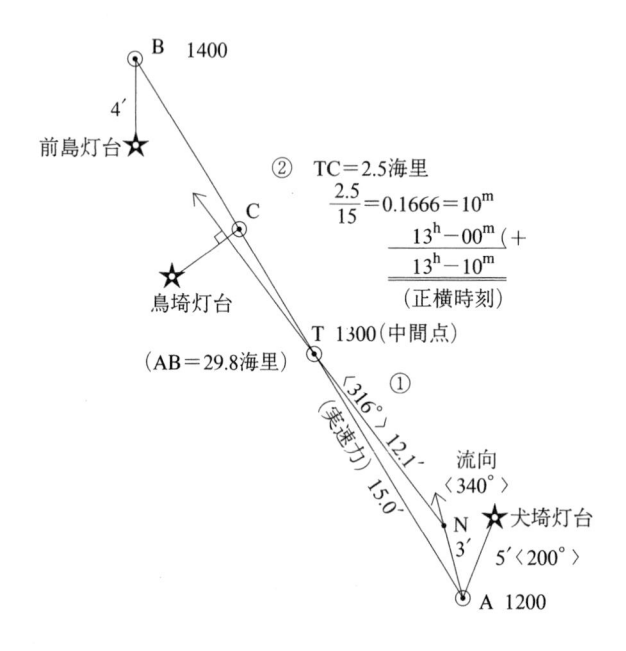

B 1400
4′
前島灯台 ☆

② TC＝2.5海里
$\dfrac{2.5}{15}=0.1666=10^m$

$13^h - 00^m$ （＋
$\underline{}$
$13^h - 10^m$
（正横時刻）

C
鳥埼灯台 ☆

T 1300（中間点）
（AB＝29.8海里）

〈316°〉12.1′
（実速力）15.0′

流向
〈340°〉

N
3′
5′〈200°〉
☆ 犬埼灯台

A 1200

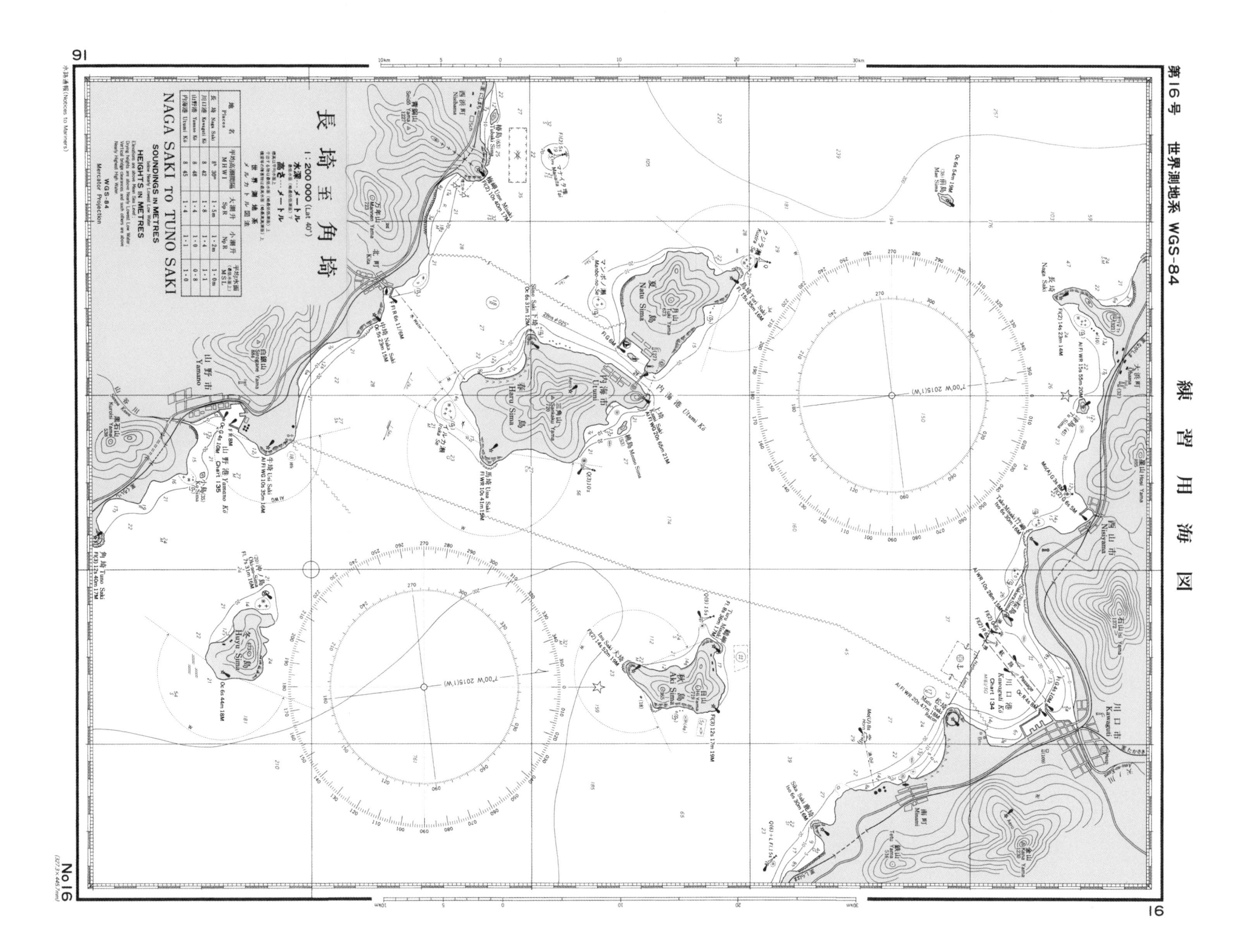

長埼至角埼
NAGA SAKI TO TUNO SAKI

1:200 000 (Lat 40°)

水深 ..... メートル
SOUNDINGS IN METRES
高さ ..... メートル
HEIGHTS IN METRES

地名 Places	平均高潮面略 MHWI	大潮升 Sp R	小潮升 Np R	平均水面 MSL
長埼 Naga Saki	8h 30m	1·5m	1·2m	1·0m
川口港 Kawaguti Ko	42	1·8	1·4	0·8
山野港 Yamano Ko	48	1·4	1·0	0·8
内海港 Utumi Ko	45	1·1	1·1	1·0

世界測地系
WGS-84

Mercator Projection

第16号 世界測地系 WGS-84   練習用海図

No.16

練 習 用 海 図

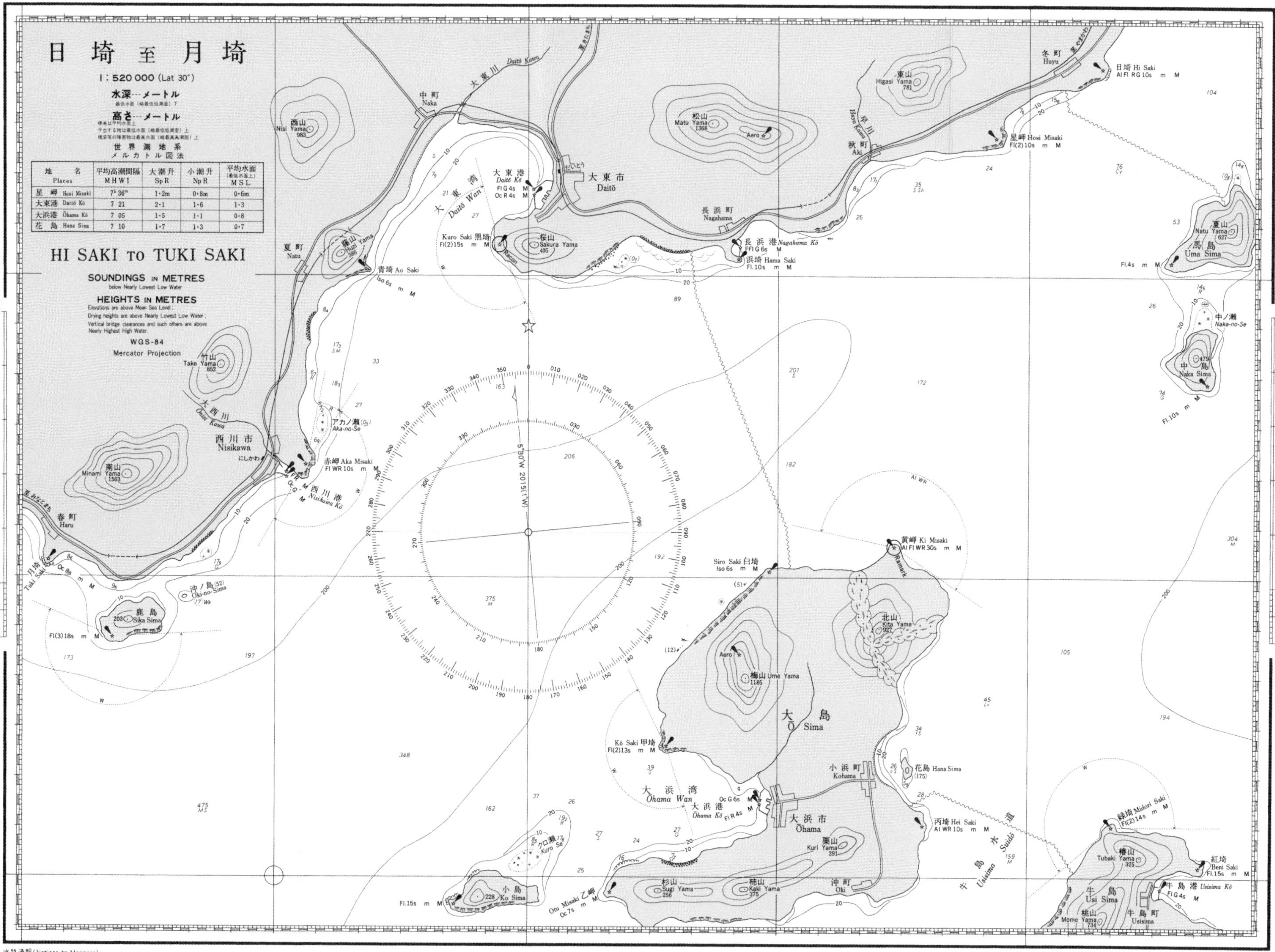

地　名 Places	平均高潮間隔 MHWI	大潮升 Sp R	小潮升 Np R	平均水面（最低水面上） MSL
星　岬 Hosi Misaki	7h 36m	1·2m	0·8m	0·6m
大東港 Daitō Kō	7 21	2·1	1·6	1·3
大浜港 Ōhama Kō	7 05	1·5	1·1	0·8
花　島 Hana Sima	7 10	1·7	1·3	0·7

水路通報(Notices to Mariners)

(454.5×322.0mm)

問83 試験用海図 No.16（⊕は，40°N，138°E で，この海図に引かれている緯度線，経度線の間隔はそれぞれ 10′ である。）を使用して，次の問いに答えよ。

(1) A丸（速力 14 ノット）は，1200 前島灯台の真南 4 海里の地点を発し，鶴岬灯台を右げん 3 海里で航過する予定である。次の①〜③を求めよ。ただし，この海域には，流向 130°（真方位），流速 2 ノットの海流がある。
　① A丸がとらなければならないジャイロコース
　② A丸の実速力
　③ 鶴岬灯台が右げん 3 海里となる時刻

(2) B丸（速力 14 ノット）は，ジャイロコース 065°（誤差なし）で航行中，1045 鳥埼灯台のジャイロコンパス方位を 110°に測定したのち同灯台は見えなくなり，その後も同一の針路，速力で航行を続け，1200 竹岬灯台のジャイロコンパス方位を 025°に測定した。1200 の B丸の船位（緯度，経度）を求めよ。ただし，風潮の影響はない。

答 (1) （流潮航法）
　　① 096.5°
　　② 15.7 ノット
　　③ 13 時 18 分

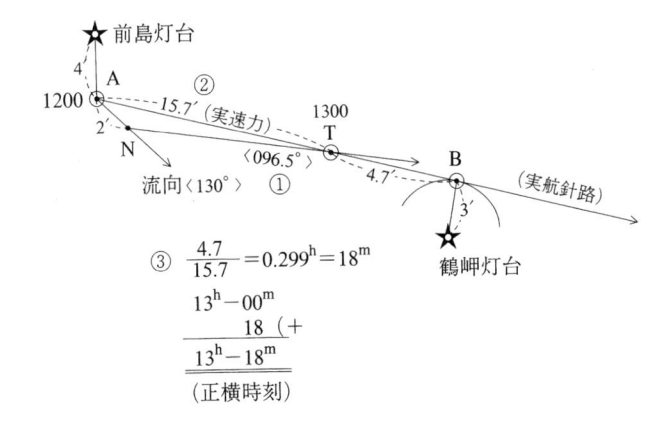

$$\frac{4.7}{15.7} = 0.299^{h} = 18^{m}$$

$$\begin{array}{r} 13^{h}-00^{m} \\ 18 \phantom{^{m}} (+ \\ \hline 13^{h}-18^{m} \end{array}$$
（正横時刻）

(2) (両測方位法)
　　40°−29.0′N
　　137°−55.8′E

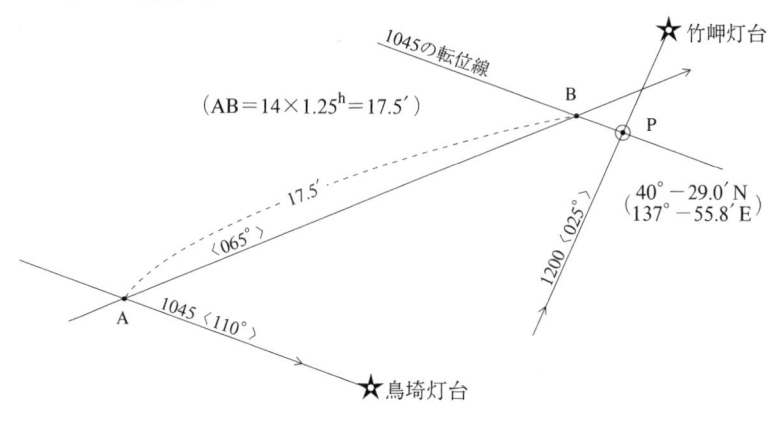

$(AB = 14 \times 1.25^h = 17.5′)$

(5) 避険線

問84　避険線として適当な目標はどのようなものがあるか。2つあげよ。
4級

答　(次のうち2つ)
① 船首方向の重視目標
② 船首目標の方位線
③ 船首方向に近い物標の方位線
④ 側方目標からの距離圏
⑤ 等深線

【参考】
(図参照)

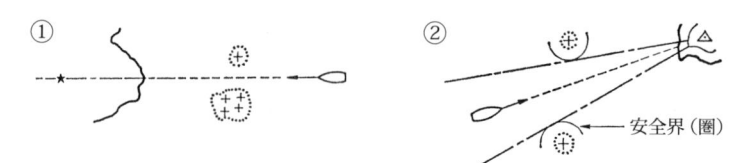

③ 安全界(圏)

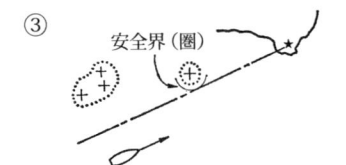

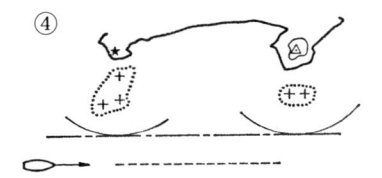

④

6 天文航法

(1) 太陽子午線高度緯度法

問85 平成27年4月13日，推測位置34°−08′N，148°−33′Eにおいて，太陽の下辺子午線高度を64°−31.0′に測った。六分儀の器差（＋）1.0′，眼高12mとして，次の(1)及び(2)を求めよ。
(1) 太陽の子午線正中時（150°Eを基準とする標準時で示せ。）
(2) 実測緯度 【4級】

答

視正午	S.A.T. 4/13	$12^h - 00^m - 00^s$
経度時（148°−33′E）	L.inT.	$9^h - 54^m - 12^s$ (−
グリニッジ視時	G.A.T. 4/13	$2^h - 05^m - 48^s$ →$E_⊙$ $11^h - 59^m - 18^s$
均時差（$E_⊙ - 12^h$）	E.T.	$0^m - 42^s$ (+ E.T. ⊖ $0^m - 42^s$
	(G.M.T. = G.A.T. − E.T.)	
グリニッジ平時	G.M.T. 4/13	$2^h - 06^m - 30^s$ →d（赤緯）：8°−52.7′N
経度時（150°E）	L.inT.（150°E）	$10^h - 00^m - 00^s$ (+ p.p. 0.1′ (+
		$12^h - 06^m - 30^s$ d : $8°-52.8′N$

<u>(1) 子午線正中時刻 $12^h - 06^m - 30^s$</u>

（赤緯） d　　　 8°−52.8′N
（緯度） l　　　 34°−08.0′N
　　　$(l - d)$　　25°−15.2′
（計算高度） $a°_c = 90° − (25°−15.2′)$
　　　　　　　$= 64°−44.8′$
（真高度） $a°_o$;
六分儀高度　　　64°−31.0′
器差　　　　　　 1.0′（＋
改正㈠　　　　　 9.2′（＋ （天測計算表）
　　　　　　　64°−41.2′
改正㈡　　　　　 0.2′（＋
真高度 a_o　　　<u>64°−41.4′</u>
計算高度 a_c　　64°−44.8′
（太陽が南面で正中）　<u>3.4′N 緯度差</u>
$a_o < a_c$: North
推測緯度　　　　34°−08.0′N
　　　　　　　　 3.4′N
<u>(2) 実測緯度　　 34°−11.4′N</u>

⊙	太		陽
U	$E_⊙$	d	dのP.P.
h m s	° ′		h m ′
0 11 59 17	N 8 50.9		0 00 0.0
2 11 59 18	N 8 52.7		10 0.2
4 11 59 19	N 8 54.5		20 0.3
6 11 59 21	N 8 56.3		30 0.5
8 11 59 22	N 8 58.2		40 0.6
10 11 59 23	N 9 00.0		0 50 0.8
12 11 59 24	N 9 01.8		1 00 0.9
14 11 59 26	N 9 03.6		10 1.1
16 11 59 27	N 9 05.4		20 1.2
18 11 59 28	N 9 07.2		30 1.4
20 11 59 30	N 9 09.0		40 1.5
22 11 59 31	N 9 10.8		1 50 1.7
24 11 59 32	N 9 12.7		2 00 1.8

視半径 S.D.　　15′ 59″

天測暦：平成27年4月13日
（『平成27年 天測暦』（海上保安庁海洋情報部編，海上保安庁発行）より）

【解説】

太陽子午線高度緯度法で使用されている英字の意味は，次の通りである。

l.（latitude）	：緯度
L.（Longitude）	：経度
S.A.T.（Ship's Apparent Time）	：視正午
L.inT.（Longitude in Time）	：経度時
G.A.T.（Greenwich Apparent Time）	：（グリニッジ標準）視時
G.M.T.（Greenwich Mean Time）	：（グリニッジ標準）平時
E.T.（Equation of Time）	：均時差（視時と平時の差）

E.T. について：

E.T. ＝ G.A.T. － G.M.T. で表される。ゆえに

G.M.T. ＝ G.A.T. － E.T. となり，E.T. は（天測暦から $E_\odot$ を求め）$E_\odot - 12^h$ で求めることができる。

$E_\odot$ が $11^h - 58^m - 00^s$ の場合，E.T. ＝ $\ominus\, 2^m - 00^s$

$E_\odot$ が $12^h - 01^m - 00^s$ の場合，E.T. ＝ $\oplus\, 1^m - 00^s$ となることに注意

次に，実測緯度を求める場合の注意点は，次のとおりである。

天測暦から G.M.T. の *d*（赤緯）を比例部分まで求める。*d* と *l*（緯度）により太陽の高度 $a°$ は次のいずれかで表される。

① $a° = 90° - (d + l)$ （太陽の位置（赤緯）がSの時）
② $a° = 90° - (l \sim d)$ （太陽の位置（赤緯）がNの時）

$a°_o$：真高度
$a°_c$：計算高度

【参考】

（天球図を下に示す）

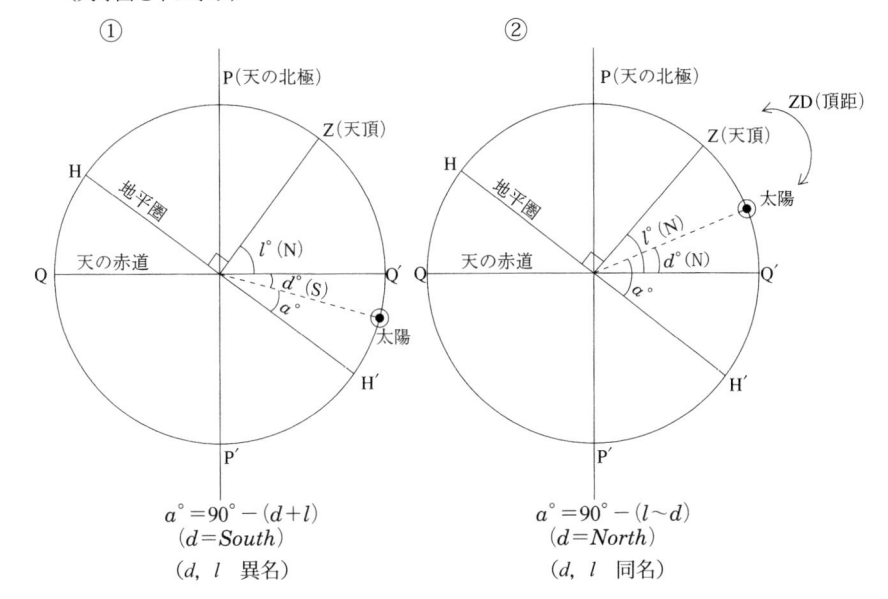

① ②

$a° = 90° - (d + l)$　　　　$a° = 90° - (l \sim d)$
$(d = South)$　　　　　　　$(d = North)$
$(d, l\ 異名)$　　　　　　　$(d, l\ 同名)$

問86 平成27年4月17日，推測位置 32°−08′N，167°−33′E において，太陽の下辺子午線高度を 68°−02.0′ に測った。六分儀の器差（＋）1.0′，眼高 16m として，次の(1)及び(2)を求めよ。

(1) 太陽の子午線正中時（165°E を基準とする標準時で示せ。）
(2) 実測緯度 **4級**

答
S.A.T.　4/17　$12^h - 00^m - 00^s$
L.inT.　　　　$11^h - 10^m - 12^s$ （−
G.A.T.　4/17　$0^h - 49^m - 48^s$　→　$E_⊙$　$12^h - 00^m - 16^s$
E.T.　　　　　$0^m - 16^s$ （−　E.T.　⊕　$0^m - 16^s$
G.M.T.　4/17　$0^h - 49^m - 32^s$　→　d（赤緯）: $\underline{10° - 17.7′ N}$
L.inT.（165°E）　　　　$11^h - 00^m - 00^s$ （＋
(1) 正中時　　$11^h - 49^m - 32^s$

（赤緯）d　　　　10°− 17.7′ N
（緯度）l　　　　32°− 08.0′ N
　　$(d \sim l) = 21° - 50.3′$
（計算高度）$a°_c = 90° - (21° - 50.3′)$
　　　　　　　$= \underline{68° - 09.7′}$
（真高度）$a°_o$ ；
六分儀高度　　68°− 02.0′
器差　　　　　　1.0′ （＋
　　　　　　　68°− 03.0′
改正㈠　　　　　8.3′ （＋
　　　　　　　68°− 11.3′
改正㈡　　　　　0.2′ （＋
真高度　$a°_o$　$\underline{68° - 11.5′}$
計算高度 $a°_c$　68°− 09.7′
（南向き正中）　　1.8′ S
$a_o > a_c$: South
推測緯度　　　32°− 08.0′ N
　　　　　　　　1.8′ S
(2) 実測緯度　$\underline{32° - 06.2′ N}$

⊙		太	陽
U	$E_⊙$	d	dの P.P.
h	h m s	° ′	h m ′
0	12 00 15	N10 17.0	0 00 0.0
2	12 00 17	N10 18.8	10 0.1
4	12 00 18	N10 20.5	20 0.3
6	12 00 19	N10 22.3	30 0.4
8	12 00 20	N10 24.1	40 0.6
10	12 00 21	N10 25.8	0 50 0.7
12	12 00 22	N10 27.6	1 00 0.9
14	12 00 24	N10 29.4	10 1.0
16	12 00 25	N10 31.1	20 1.2
18	12 00 26	N10 32.9	30 1.3
20	12 00 27	N10 34.6	40 1.5
22	12 00 28	N10 36.4	1 50 1.6
24	12 00 29	N10 38.1	2 00 1.8
視半径 S.D.			15′ 58″

天測暦：平成27年4月17日
（『平成27年 天測暦』（海上保安庁海洋情報部編，海上保安庁発行）より）

問87 平成27年2月5日，推測位置 21°－05′ N，126°－28′ E において，太陽の下辺子午線高度を 52°－47.0′ に測った。六分儀の器差（－）1.0′，眼高 16m として，次の(1)及び(2)を求めよ。
(1) 太陽の子午線正中時（120°E を基準とする標準時で示せ。）
(2) 実測緯度　　　　　　　　　　　　　　　　　　　4級

答
S.A.T.	2/5	$12^h - 00^m - 00^s$		
L.inT.		$8^h - 25^m - 52^s$ （－		
G.A.T.	2/5	$3^h - 34^m - 08^s$	→	$E_☉$　$11^h - 46^m - 05^s$
E.T.		$13^m - 55^s$ （＋		E.T.　$\ominus$　$13^m - 55^s$
G.M.T.	2/5	$3^h - 48^m - 03^s$	→	d（赤緯）：$16°-02.1′$ S
L.inT.（120°E）		$8^h - 00^m - 00^s$ （＋		（赤緯：<u>S</u> に注意）

(1) 正中時　　$11^h - 48^m - 03^s$

（赤緯）d　　　　16°－02.1′ S
（緯度）l　　　　21°－05.0′ N
　　　$(d+l)$ ＝ 37°－07.1′
（計算高度）$a°_c$ ＝ 90°－ (37°－07.1′)
　　　　　　　　 ＝ 52°－52.9′
（真高度）$a°_o$ ；
六分儀高度　　52°－47.0′
器差　　　　　　1.0′（－
　　　　　　　52°－46.0′
改正㈠　　　　　8.0′（＋
　　　　　　　52°－54.0′
改正㈡　　　　　0.5′（＋
真高度　$a°_o$　52°－54.5′
計算高度 $a°_c$　52°－52.9′
（南向き正中）　　　1.6′ S
$a_o > a_c$: South
推測緯度　　　21°－05.0′ N
　　　　　　　　　1.6′ S
(2) 実測緯度　　21°－03.4′ N

☉		太	陽	
U	$E_☉$		d	d の P.P.
h	h m s		° ′	h m ′
0	11 46 06		S 16 05.0	0 00 0.0
2	11 46 05		S 16 03.5	10 0.1
4	11 46 05		S 16 02.0	20 0.3
6	11 46 04		S 16 00.5	30 0.4
8	11 46 04		S 15 59.0	40 0.5
10	11 46 04		S 15 57.5	0 50 0.6
12	11 46 03		S 15 56.0	1 00 0.8
14	11 46 03		S 15 54.4	10 0.9
16	11 46 02		S 15 52.9	20 1.0
18	11 46 02		S 15 51.4	30 1.1
20	11 46 02		S 15 49.9	40 1.3
22	11 46 01		S 15 48.3	1 50 1.4
24	11 46 01		S 15 46.8	2 00 1.5
視半径 S.D.			16 ″ 15	

天測暦：平成27年2月5日
（『平成27年 天測暦』（海上保安庁海洋情報部編，海上保安庁発行）より）

問88 平成27年2月6日，推測位置 31°－49′N, 128°－38′E において，太陽の下辺子午線高度を 42°－17.0′ に測った。六分儀の器差（－）1.0′，眼高 15m として，次の(1)及び(2)を求めよ。
(1) 太陽の子午線正中時（120°E を基準とする標準時で示せ。）
(2) 実測緯度

4級

答
S.A.T.	2/6	$12^h － 00^m － 00^s$		
L.inT.		$8^h － 34^m － 32^s$ (－		
G.A.T.	2/6	$3^h － 25^m － 28^s$	→	$E_\odot$　$11^h － 46^m － 00^s$
E.T.		$14^m － 00^s$ (＋		E.T. ⊖ $14^m － 00^s$
G.M.T.	2/6	$3^h － 39^m － 28^s$	→	d（赤緯）: $\underline{15°－44.0′\ S}$
L.inT.（120°E）		$8^h － 00^m － 00^s$ (＋		

(1) 正中時　$\underline{11^h － 39^m － 28^s}$

（赤緯）d	15°－ 44.0′ S	
（緯度）l	31°－ 49.0′ N	
$(d + l)$	＝ 47°－ 33.0′	
（計算高度）$a°_c$	＝ 90°－（47°－ 33.0′）	
	＝ $\underline{42°－ 27.0′}$	
（真高度）　$a°_o$;		
六分儀高度	42°－ 17.0′	
器差	1.0′ (－	
	42°－ 16.0′	
改正(一)	7.9′ (＋	
	42°－ 23.9′	
改正(二)	0.5′ (＋	
真高度　$a°_o$	$\underline{42°－ 24.4′}$	
計算高度 $a°_c$	42°－ 27.0′	
（南向き正中）	2.6′ N	
$a_o < a_c$: North		
推測緯度	31°－ 49.0′ N	
	2.6′ N	
(2)　実測緯度	$\underline{31°－ 51.6′\ N}$	

⊙		太		陽	
U	$E_\odot$		d		dの P.P.
h	h m s		° ′		h m ′
0	11 46 01		S15 46.8		0 00 0.0
2	11 46 01		S15 45.3		10 0.1
4	11 46 00		S15 43.8		20 0.3
6	11 46 00		S15 42.2		30 0.4
8	11 45 59		S15 40.7		40 0.5
10	11 45 59		S15 39.2		0 50 0.6
12	11 45 59		S15 37.6		1 00 0.8
14	11 45 58		S15 36.1		10 0.9
16	11 45 58		S15 34.5		20 1.0
18	11 45 58		S15 33.0		30 1.2
20	11 45 58		S15 31.4		40 1.3
22	11 45 57		S15 29.9		1 50 1.4
24	11 45 57		S15 28.4		2 00 1.5

視半径 S.D. 　16′ 15″

天測暦：平成27年2月6日
（『平成27年 天測暦』（海上保安庁海洋情報部編，海上保安庁発行）より）

航海 65

問89 平成27年6月1日，推測位置 43°－20′N，153°－30′Eにおいて，太陽の下辺子午線高度を68°－30.0′に測った。六分儀の器差（－）2.0′，眼高12mとして，次の(1)及び(2)を求めよ。
(1) 太陽の子午線正中時（150°Eを基準とする標準時で示せ。）
(2) 実測緯度

4級

答　S.A.T.　6/1　　$12^h - 00^m - 00^s$
　　　L.inT.　　　　　$10^h - 14^m - 00^s$ （－
　　　G.A.T.　6/1　　$01^h - 46^m - 00^s$　→　$E_☉$　$12^h - 02^m - 17^s$
　　　E.T.　　　　　　$2^m - 17^s$ （－　　E.T.　⊕　$2^m - 17^s$
　　　G.M.T.　6/1　　$01^h - 43^m - 43^s$　→　d（赤緯）： $\underline{21° - 59.2′\ N}$
　　　L.inT.（150°E）　　　　　$10^h - 00^m - 00^s$ （＋
　　　(1) 正中時　　$\underline{11^h - 43^m - 43^s}$

　　　（赤緯）d　　　　$21° - 59.2′\ N$
　　　（緯度）l　　　　$43° - 20.0′\ N$
　　　　　　$(d \sim l)$　＝ $21° - 20.8′$
　　　（計算高度）$a°_c$ ＝ $90° -$ （$21° - 20.8′$）
　　　　　　　　　　＝ $\underline{68° - 39.2′}$
　　　（真高度）　$a°_o$ ；
　　　六分儀高度　　　　$68° - 30.0′$
　　　器差　　　　　　　$2.0′$ （－
　　　　　　　　　　　　$68° - 28.0′$
　　　改正㈠　　　　　　$9.3′$ （＋
　　　　　　　　　　　　$68° - 37.3′$
　　　改正㈡　　　　　　$0.0′$ （＋
　　　真高度　$a°_o$　　　$\underline{68° - 37.3′}$
　　　計算高度 $a°_c$　　　$68° - 39.2′$
　　　（南向き正中）　　　$1.9′\ N$
　　　$a_o < a_c$：North
　　　推測緯度　　　　　$43° - 20.0′\ N$
　　　　　　　　　　　　$1.9′\ N$
　　　(2) 実測緯度　　　$\underline{43° - 21.9′\ N}$

☉	太		陽
U	$E_☉$	d	dのP.P.
h　h　m　s	° ′	h　m　′
0　12 02 18	N21 58.6	0 00 0.0
2　12 02 17	N21 59.3	10 0.1
4　12 02 16	N22 00.0	20 0.1
6　12 02 15	N22 00.7	30 0.2
8　12 02 15	N22 01.3	40 0.2
10　12 02 14	N22 02.0	0 50 0.3
12　12 02 13	N22 02.7	1 00 0.3
14　12 02 12	N22 03.4	10 0.4
16　12 02 12	N22 04.1	20 0.5
18　12 02 11	N22 04.7	30 0.5
20　12 02 10	N22 05.4	40 0.6
22　12 02 09	N22 06.1	1 50 0.6
24　12 02 09	N22 06.7	2 00 0.7

視半径 S.D. 　15′ 48″

天測暦：平成27年6月1日
（『平成27年 天測暦』（海上保安庁海洋情報部編，海上保安庁発行）より）

(2) 北極星緯度法

問90 平成27年2月10日，北極星の時角（h）が $10^h - 30^m - 00^s$ のとき，その真高度を $30°- 15.0'$ を得た。このときの緯度を求めよ。 4級

答 北極星緯度法
（巻末 天測暦 北極星緯度表）
真高度　　　$30°- 15.0'$
（第1表から）　　　$36.2'$（＋
　　　　　　　$30°- 51.2'$
（第2表から）　　　$0.0'$（＋
　　　　　　　$30°- 51.2'$
（第3表から）　　　$0.8'$（＋
　　　　　　　$30°- 52.0'$

（答）緯度 $30°- 52.0'$ N

【参考】
時角（h）＝ U（世界時）＋ E_* ＋ L.in T.（Lが東経のとき＋）

問91 平成27年4月15日，北極星の時角（h）が $07^h - 20^m - 10^s$ のとき，その真高度を $32°- 35.0'$ に測った。このときの緯度を求めよ。ただし，六分儀の器差（－）$2.0'$，眼高12mである。 4級

答（天測計算表から）
測高度　　　$32°- 35.0'$
器差　　　　　$2.0'$（－
　　　　　　　$32°- 33.0'$
改正（眼高）　$7.7'$（－（天測計算表 星の測高度改正表）
真高度　　　$32°- 25.3'$
（第1表から）　$12.8'$（＋（巻末 天測暦 北極星緯度表）
　　　　　　　$32°- 38.1'$
（第2表から）　$0.1'$（＋
　　　　　　　$32°- 38.2'$

(第3表から) 　　　　　1.0′（＋
　　　　　　　　32°－39.2′

(答) 緯度 32°－39.2′ N

7 電波航法

(1) レーダー船位測定

問92 レーダーのみを利用して船位を測定する方法を3つあげよ。また，ほとんど同一方向に2物標が存在する場合，最も適当な測定方法はそれらのうちどれか。

答
① 2個以上の物標のレーダー距離による方法。
② 1つの物標のレーダー方位と距離による方法。
③ 2個以上の物標のレーダー方位による方法。
最も適当な方法はレーダー方位と距離による方法である（②）。

(2) GPS

問93 GPSに関して述べた次の(A)と(B)の文について，それぞれの正誤を判断し，下の(1)～(4)のうちからあてはまるものを選べ。
(A) GPSは，陸上や海上だけでなく空中においても連続的に高精度な測位ができるシステムである。
(B) GPS受信機のアンテナは，衛星からの信号が直接受信できるような障害物のない場所に備え付けるのがよい。
  (1) (A)は正しく，(B)は誤っている。
  (2) (A)は誤っていて，(B)は正しい。
  (3) (A)も(B)も正しい。
  (4) (A)も(B)も誤っている。

答 (3)
【解説】
(A) GPSは航空機も利用している高精度の測位システムであり，正しい。
(B) 正しい。

問 94 GPSに関して述べた次の(A)と(B)の文について,それぞれの正誤を判断し,下の(1)〜(4)のうちからあてはまるものを選べ。
(A) GPSでは,陸上に送信局を設置しているので,送信局の位置が一定している。
(B) GPSでは,測定の基準として世界測地系(WGS-84)が使用されている。
(1) (A)は正しく,(B)は誤っている。
(2) (A)は誤っていて,(B)は正しい。
(3) (A)も(B)も正しい。
(4) (A)も(B)も誤っている。

答 (2)
【解説】
(A) GPSの送信局は地球上空を回っている軌道衛星で,陸上にあるのは管制局等である。

運用

運用　73

1　船舶の構造，設備，復原性

(1)　船体構造，船体要目

問1　鋼船の外板は，どのような役目をするか。

答　船体の縦方向及び横方向の強力材となり，海水の圧力に耐え，船体に浮力を与える。

問2　船体中央部において，船底から上方にわたって張ってある外板は，その位置によりそれぞれ何という名称がつけられているか。3つあげよ。

答　（次のうち3つ）
① 船底外板
② 船側外板
③ げん側厚板
④ ビルジ外板
⑤ 船楼外板（船首楼，船橋楼，船尾楼）

問3　鋼船の船首部は，航行中に受ける波の衝撃や衝突時の船体の保護のため，どのような補強が施されているか。

答　① 船首部には船首材があり，これを中心に左右に肉厚の外板を張って保護してある。
② 船首部はフレームとフレームの間隔を小さくし，強度を増加させてある。
③ パンチングビーム，パンチングストリンガー，ブレストフック，ディープフロア，サイドストリンガー等の部材で補強してある。

問4　げん側厚板は，船体のどの部分に取り付けられているか。

答　強力甲板のげん側に取り付けられる外板で，船側の最上層に配置されている。

問5　鋼船の船体で腐食が起こりやすいのは，どのような場所か。3つあげよ。

答　（次のうち3つ）
① 外板水線部（乾湿交互作用を受ける。）
② 海水やビルジのたまりやすい箇所（バラストタンク等）
③ びょう鎖庫（湿潤で通風が悪い。）
④ 日常手入れが行き届かない箇所（高所で狭いところ等）

問6　右図は，船の甲板を用途により分けたものを示す。(ア)～(カ)の甲板はそれぞれ何と呼ばれるか。

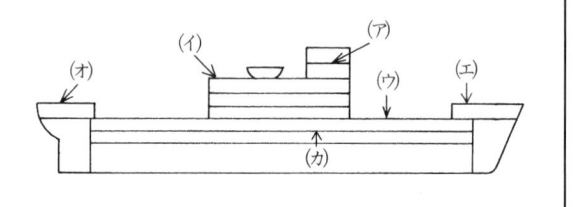

答　(ア)　航海甲板（ナビゲーションデッキ）または，航海船橋甲板（ナビゲーションブリッジデッキ）
　　(イ)　短艇甲板（ボートデッキ）
　　(ウ)　上甲板（アッパーデッキ）
　　(エ)　船首楼甲板（フォクスルデッキ）
　　(オ)　船尾楼甲板（プープデッキ）
　　(カ)　第2甲板（セコンドデッキ）

問7　鋼船の強力甲板とは，どのような甲板をいうか。

答　船の長さのある箇所において，船体縦強度の主力となる最上層の甲板をいう。上甲板が最上層である箇所では上甲板が，船楼甲板が最上層甲板である箇所では船楼甲板が強力甲板となる。

問8 鋼船の上甲板に関する次の問いに答えよ。
(1) どのような甲板をいうか。
(2) どのような役目を受け持っているか。2つあげよ。

答 (1) 船体の最上層の全通甲板を上甲板という。ただし，全通船楼船では，最上層の全通甲板のすぐ下の全通甲板を，上甲板という（右図参照）。

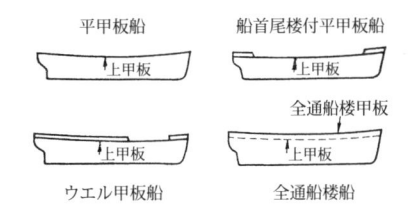

（平甲板船／船首尾楼付平甲板船／ウエル甲板船／全通船楼船の図）

(2) （次のうち2つ）
① 船体の縦強度を受け持つ。
② 船体の上面の水密を保ち，海水や雨水の船内への浸入を防ぐと同時に，日光を遮る。
③ 歩行，作業の場となり，機器を備え付ける場所にもなる。
④ 外板や甲板ビーム等，他の部材と連結されて船の横強度を受け持つ。
⑤ 船楼甲板下の上甲板は，居住区の床となる。

問9 右図は鋼船の外板の配置を示している。次の問いに答えよ。
(1) ①～④の名称をそれぞれ示せ。
(2) 平板キールの船舶の場合，上記①～③で一番厚い外板はどれか。番号で記せ。
(3) 図中のビルジキールの役目及び船首尾方向の取り付け位置を述べよ。

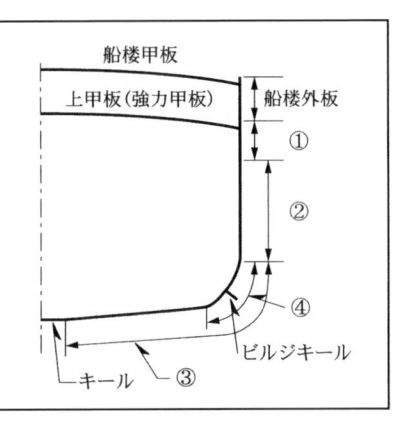

答 (1) ① げん側厚板
② 船側外板
③ 船底外板
④ ビルジ外板

(2) ① (げん側厚板)
(3) ビルジキールの役目は船体動揺を減衰させること。取り付け位置は船体の中央部を挟んで船の長さの 1/3 〜 1/5 くらいにわたって取り付ける。

問 10 図は，不つり合い舵の略図である。次の問いに答えよ。
(1) 図中の①〜⑤の名称をそれぞれ示せ。
(2) ⑤の役目を述べよ。

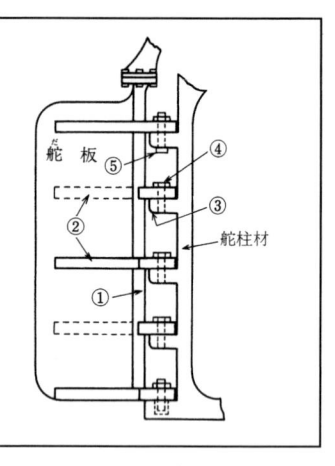

（図中ラベル：舵板，⑤，④，③，舵柱材，②，①）

答 (1) ① 舵心材（メインピース）
　　② 舵腕（ラダーアーム）
　　③ つぼ金（ラダーガジョン）
　　④ 舵針（ラダーピントル）
　　⑤ 止め舵針（ロッキングピントル）
(2) 舵針がつぼ金から抜け出るのを防いでいる。つまり，舵板が船尾骨材から離れないようにしている。

(2) 舵

問11 右図は，舵を形状によって分類した場合の舵の種類を示したものである。次の問いに答えよ。
(1) a，b及びcは，それぞれ何という舵か。
(2) a，b及びcには，それぞれどのような利点があるか。1つずつあげよ。

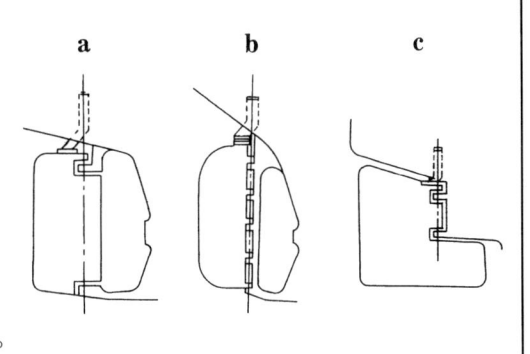

答 (1) a：つり合い舵（平衡舵）
　　　　b：不つり合い舵（普通舵）
　　　　c：半つり合い舵（半平衡舵）
　　(2) a：操舵に要する力が小さくて済む。
　　　　b：構造が簡単で丈夫である。
　　　　c：aとbの利点を半々に持っている。

問12 船の長さの表し方にはどのような種類があるか。2つあげよ。　　4級

答 （次のうち2つ）
　① 全長
　② 垂線間長
　③ 登録長（船舶法）
　④ 水線長

問 13 船の長さについて述べた次の文にあてはまるものを，下のうちから選べ。

計画満載喫水線上で，船首材の前面から舵柱の後面まで，舵柱を有しない船舶は舵頭材の中心まで測った水平距離をいう。
(1) 全長
(2) 垂線間長
(3) 水線の長さ
(4) 登録長さ（船舶国籍証書に記載される長さ）　4級

答 (2)

【解説】
(1)：船首の最前端から船尾の最後端までの水平距離
(3)：（一般には）満載喫水線上の船首材の前面から船尾材の後面に至る水平距離
(4)：上甲板梁上において船首材の前面から船尾材の後面に至る水平距離

問 14 右図は，鋼船の船体側面の略図である。図中の矢印で示す(1)～(3)は，それぞれ船のどのような長さを示しているか。　4級

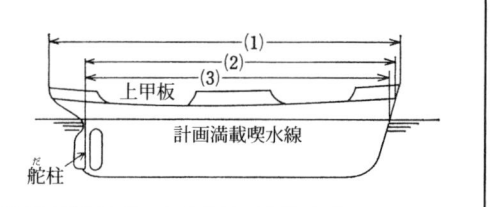

答 (1) 全長
(2) 登録長
(3) 垂線間長

(3) 入渠

問 15 鋼船の入渠中の作業に関する次の問いに答えよ。
(1) びょう鎖のどのような箇所を点検するか。
(2) びょう鎖庫の手入れはどのように行うか。
(3) 空の燃料油タンク内に入るときには，どのような注意をしなければならないか。

答 (1) ① スタッドのゆるみ。
  ② リンクのき裂の有無。
  ③ リンクの変形，摩滅の程度。
  ④ ジョイニングシャックルの止めピンの摩滅の程度。
  ⑤ アンカー側のびょう鎖数節と，びょう鎖庫側の数節との摩耗程度の比較。

(2) びょう鎖を渠底に繰りだした後，びょう鎖庫内の泥を除去し，庫内を水洗い清掃し，十分に乾燥させる。内張板をはずし，錆びている箇所の錆落としを行い，錆止め塗料を塗る。乾燥後，内張板を取りつけて復旧する。

(3) ① タンク内に入る前に十分な通風・換気を行い，ガス検知器により残留ガスの有無を調べ，酸素濃度が18％以上になるまでは，タンク内に入ってはいけない。（酸素濃度を調べるときは，酸素呼吸器（ホースマスク）を装着し，命綱を使用すること。）
  ② 酸素濃度が18％以上あることを確認後，2人1組となってタンク内に入ること。この場合，呼吸具及び命綱を使用すること。
  ③ 入口に看視員をおき，タンク内の者と連絡できる体制を整えておくこと。
  ④ タンク内に足場，照明を十分に設けること。
  ⑤ タンク内に人がいる間，通風・換気を継続し，酸素濃度を18％以上保つこと。
  （注：通常，空気中の酸素の濃度は20％少し位である。）

問16 鋼船の入渠作業の前にあらかじめ検知器によりガスの有無や酸素濃度を確かめる必要があるのは，どのような箇所か。4つあげよ。

答 （次のうち4つ）
① 油タンク
② 二重底
③ びょう鎖庫
④ バラストタンク
⑤ 清水タンク
⑥ 日常は密閉されていて人が出入りしない区画

問17 鋼船が検査のため入渠した場合，舵についてはどのような箇所を調べるか。

答
① 舵針（ラダーピントル）
② かじつぼ金（ラダーガジョン）
③ かじつぼ碁石（ヒールディスク）
④ 舵板
⑤ 保護亜鉛板（ジンクプレート）

問18 入渠中，次の(1)と(2)を防止するためには，それぞれどのような注意をしなければならないか。
(1) 火災
(2) 盗難

答 (1) ① 乗組員や作業員に対し，火気使用上の注意を喚起する（溶接作業の後始末，たばこの吸がらの始末）。
② 塗料，塗料の溶剤その他引火しやすいものの保管に注意する。
③ 油の浸みた布片や塗装に使用した布巾などは，ふた付きの防火性容器に集めておく。
④ 喫煙場所を指定し，水入りの灰皿，空き缶などを備えておく。
⑤ 消火用具・消化器を点検・整備し，船内の適所に備えておく。

⑥ 消火ホースを陸上の消火栓に連結して船内に導いておく。
⑦ 船内の巡視点検を励行する。
(2) ① 船員室，倉庫などに施錠する。
② 乗組員の貴重品を陸上に保管させる。
③ 当直者をおき，無用の者の船内立ち入りを禁止する。
④ 船内外の照明を十分にする。

問 19 入渠排水直後，船底の各所をよく調査しなければならないが，次の(1)と(2)について特に注意して点検する必要があるのは，なぜか。
(1) 船首部船底
(2) 船尾部船底

答 (1) ① 波浪の衝撃により，船首部船底外板の継ぎ目から漏水を生じたり，リベットがゆるんでいたりするほか，損傷を生じていたりすることがある。
② いかり作業により外板に損傷を生じていることがある。
(2) ① 波浪の衝撃やプロペラの振動を受けるので，漏水箇所を生じていることがある。
② プロペラと船尾部外板との間に起こる流電作用により，船尾部外板には腐食を生じていることがある。
③ ②の腐食防止のために取り付けてある保護亜鉛板が腐食していることがある。
④ プロペラ，かじの損傷の有無を調べる必要がある。

問 20 鋼船の出渠に先だち，船底栓（ボットムプラグ）の閉鎖に当たっては，どのような注意をしなければならないか。

答 本船側一等航海士又は航海士とドック側技師とが立ち合って閉鎖を確認し，その上をセメントで厚く塗り固める。

(4) 船底塗料

> **問21** 鋼船に用いられる船底塗料で，次の(1)〜(3)の役目をするものは，それぞれ何という船底塗料か。
> (1) 船底外部の錆止めと防食
> (2) 外げん水線部の錆止めと防汚
> (3) 船底外部への生物の付着防止

答 (1) 船底塗料1号（A/C）
(2) 水線塗料（B/T）
(3) 船底塗料2号（A/F）

(5) トリム，復原力

> **問22** 復原力が小さすぎる場合と，復原力が大きすぎる場合の危険を，それぞれ述べよ。

答 ＜小さすぎる場合＞
　横波や横風で船体が大きく傾斜したり，転舵した場合も大きく傾斜して，なかなか元に戻らず転覆の危険がある。
＜大きすぎる場合＞
　横揺れ周期が非常に短くなり，くらくらと激しく揺れるので，荒天の際荷くずれを起こしたり貨物が移動したりして船体を傷つける危険がある。

> **問23** 操船上，適当な船尾トリムがよいといわれる理由を述べよ。

答 ① 推進効率が良く，波きりも良いので速力が出る。
② かじ効きが良く，保針性が良くなる。
③ 船首部上甲板への海水の浸入やプロペラの空転を防止する。

運用　83

問 24　船が航行する場合，適正な乾げんを保つ必要があるのはなぜか。

答　適正な乾げんを保つことは，航海中に甲板上に海水が打ち込むことを防止するほか，予備浮力を確保し，さらに復原力範囲を大きくすることによって，船舶の転覆や沈没の防止上大切である。

問 25　右図は，沿海区域を航行区域とする船（長さ 24m 以上）の，船の長さの中央部両船側外板に標示されている満載喫水線標（乾舷（げん）標）を示す。次の問いに答えよ。

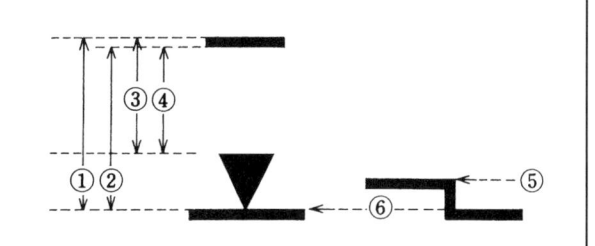

(1)　乾舷を示すものは，①～④のうちどれか。
(2)　⑤及び⑥の線はそれぞれ何を表しているか。
(3)　乾舷を確保することが船の運航上，重要である理由を述べよ。

答　(1)　①
(2)　⑤：淡水満載喫水線
　　　⑥：海水満載喫水線
(3)　適切な乾舷を確保することで，貨物の積み過ぎを防止して適切な復原力を保持することができる。

問 26　安定のつり合いの船が小角度で傾斜した場合の図を描き，次の(1)～(3)を示せ。
(1)　船の重心 G 及びその作用線の方向
(2)　浮心 B 及びその他の作用線の方向
(3)　メタセンタ M の位置

答 (1) Gを通って鉛直下方に作用する。
(2) B′を通って鉛直上方に作用する。
(3) Bを通る鉛直上方への作用線とB′との交点。

G：重心
B：浮心
B′：小角度傾斜時の浮心の位置
M：メタセンタ

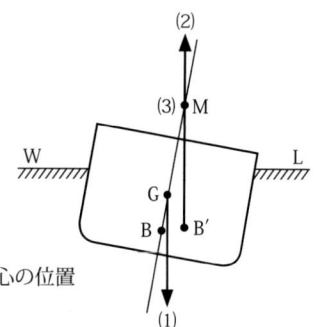

問 27 適度の復原力をもって出港した船が，航海中の復原力の減少をできるだけ防止するために，次の(1)と(2)については，それぞれどのような注意が必要か。
(1) 燃料油及び清水の消費
(2) 甲板積み貨物

答 (1) ① 船体の上部にも燃料や清水のタンクがあればそれを先に消費してゆく。
② できるだけ自由水を作らないように使用する。
(2) ① 荷くずれや移動防止のため，固縛や荷敷の状態を点検する。
② 吸湿性の貨物（材木等）にはカバーをかけておく。

問 28 航行中，船体の横揺れ周期を測定する方法を述べよ。また，横揺れ周期とGMとの間には，どのような関係があるか。

答 ＜測定方法＞
航行中，船体が一方のげんに一杯に傾いたときから，反対のげんに一杯に傾いて，再び元のげんに一杯に傾くまでの時間を，ストップウォッチ等で測定する。これを2〜3回行ってその平均をとる。
＜GMとの関係＞
横揺れ周期が大きければ，GMは小さい。横揺れ周期が小さいほど，GMは大きい。

【参考】

$$Tr \fallingdotseq \frac{0.8B}{\sqrt{GM}}$$

Tr：横揺れ周期 (sec)
B：船の幅 (m)

問29 復原力の小さい船が風浪の激しい洋上を航行する場合に関する次の問いに答えよ。
(1) 風浪を正横から受けると，どのような危険があるか。
(2) 速力の増減と針路のとり方については十分な注意が必要であるが，なぜか。
(3) 操舵については，どのような注意が必要か。

答 (1) 船体が風浪下の大きく傾斜することが多くなるため，積載貨物が荷くずれを起こして転覆する危険がある。また，高波が上甲板に浸入しやすくなったり，同調横揺れの危険もある。

(2) 復原力の小さい船は，船側に高波や強い風圧を受けると，通常の船舶よりも船体が大きく傾斜して，荷くずれによる転覆が起こりやすい。この危険性は，船を高速で急旋回させているときにも起こる。
　さらに，船体に激しい動揺を与える操船をすると，微かな荷くずれでも船を転覆させることになる。また，高波が上甲板に浸入しても，同様の危険が発生する。
　したがって，復原力の小さい船を，風浪の激しい洋上で安全に航行させるためには，高波が上甲板に浸入するのを防ぐとともに，船体に激しい動揺や大きな傾斜を与えないように，慎重に針路と速力を選定しなければならない。

(3) 船体を大きく傾斜させぬように，できるだけ小さな舵角で小刻みに操舵する。決して，大舵をとってはならない。また，とっている舵を急激に中央に戻したり，反転しない。

2 当直

(1) 当直基準

問30 航海当直中の航海士が,船長に報告して指示を受けなければならないのは,どのような場合か。6つあげよ。

答 (次のうち6つ)
① 視界が悪くなった場合。
② 風・潮流の影響により偏位がある場合。
③ 灯台等著名な航路標識の視認予定時刻になっても,それを視認できない場合。
④ 気圧の降下・雲ゆきの変化等気象状況が悪化する場合。
⑤ 船舶の往来が多いため航行に不安を感じる場合。
⑥ 船位に不安を感じる場合。
⑦ 他船と接近して不安を感じる場合。
⑧ 遭難船,浮流物等を発見した場合。
⑨ 他船や陸上信号所から信号を受け,その内容を報告する必要がある場合や,回答しなければならない場合。

問31 夜間航行中,甲板部の航海当直職員が,他船との衝突防止のため特に注意しなければならない事項を3つあげよ。

答 (次のうち3つ)
① 見張り。そのため特に他船の動静に注意。レーダー等も活用。
② 航海灯については,点灯していることを常に確認。
③ 他船の灯火に十分注意し,その動静を正しく判断する。
④ 海上衝突予防法の他,海上交通諸法規の遵守。
⑤ 航海計器,操舵装置等正常運転の保持。

3 気象及び海象

(1) 海象・気象

問 32 気象，海象の観測に関する次の問いに答えよ。
風浪の階級について：
(1) 風浪のどのような状況を観測するか。
(2) (1)の状況を，何という表に照合して階級を知るか。

答 (1) 風浪がやってくる方向，周期，波高の3つを観測する。（常に同一方向，高さも一定ではないので，はっきりした波を数個観測してその平均をとる。）
（注：風浪とは，その場に吹いている風によって起きている波をいう。）
(2) 気象庁風浪階級表

【解説】
気象・海象の観測で，「うねり」についても同様の観測をする。「うねり」は，「気象庁うねり階級表」が用意されている。

問 33 波浪を観測するときの次の(1)と(2)について答えよ。
(1) 波高を測るときは，どこからどこまでの高さを測ればよいか。
(2) 波の周期を測るときは，いつからいつまでの時間を測ればよいか。

答 (1) 波の谷から波の山までの鉛直距離を測る。
(2) 波の山（谷）が一地点を通過してから次の山（谷）がその地点を通過するまでの時間。

問 34 航行中，風向・風速計によって測定した風向と風速から，作図（ベクトル図法）によって真風向と真風速を求める方法を述べよ。

[答] ① 船の針路と反方位線 AB を引く。AB の長さは船速（ノット）とする。
② 風向・風速計より，視風向・視風速（ノット）を A からとり C とする。
③ BC の方位が真風向，BC の長さが真風速（ノット）となる。

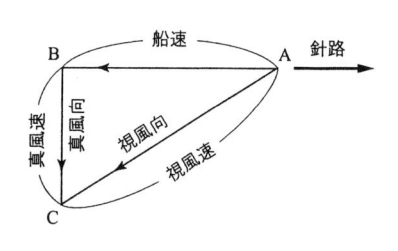

[問] 35 気圧傾度に関する次の問いに答えよ。
(1) 気圧傾度とは何か。
(2) (1)の大小は次の(ア)と(イ)に対しては一般にどのような関係があるか。
　(ア) 等圧線の間隔
　(イ) 風の強弱

[答] (1) 距離に対する気圧の変化の割合である。
　　等圧線に直角な方向を考え，この方向に単位の距離について気圧の下がる割合を気圧傾度という。
　（ある地点の気圧を p とし，この点から気圧の低い方へ等圧線に直角な方向に距離 D をとり，この地点の気圧を p' とすれば

$$\frac{p - p'}{D}$$

が気圧傾度の値である。）
(2) (ア) 気圧傾度が大きいときは等圧線の間隔は狭く，気圧傾度が小さいほど等圧線の間隔は広くなる。
　(イ) 気圧傾度が大きいほど風は強く，気圧傾度が小さければ風は弱い。

問36 相対湿度及び露点温度に関して述べた次の(A)と(B)の文について，それぞれの正誤を判断し，下のうちからあてはまるものを選べ。
(A) 気温が上昇すれば，飽和水蒸気圧が上がるので相対湿度も高くなる。
(B) 気温と露点温度との差の大小から，その空気の乾燥の程度を判断することができる。
(1) (A)は正しく，(B)は誤っている。
(2) (A)は誤っていて，(B)は正しい。
(3) (A)も(B)も正しい。
(4) (A)も(B)も誤っている。

答 (2)
【解説】
(A)：相対湿度は，測定した水蒸気圧（e）とその気温に対する飽和水蒸気圧（Es）との100分比で表す。

$$\left[相対湿度 = \frac{e}{Es} \times 100 \ (\%) \right]$$

気温が上昇すれば，飽和水蒸気圧も上がる。上記相対湿度は，（E → 大となるので）低くなる。
(B)：正しい。

問37 春一番（通称はるいち）に関する次の問いに答えよ。
(1) いつごろ起こるか。
(2) 主に，どのような場合に起こるか。
(3) どのような風が吹くか。

答 (1) 春先（2月，3月）
(2) 日本の太平洋側洋上の気圧が高く，優勢な温帯低気圧が日本海を東進する場合。
(3) 南寄りの暖かい強風が吹く。
【解説】
春一番：気象学上では，立春から春分までの期間に吹く平均風速8m/sec以上の暖かい強風をいう。

問38　突風とはどのような風か。また，この風が吹き出す前兆を2つ述べよ。

答　突然に強く吹く風を突風という。地表付近の風は絶えず短時間の強弱変化を繰り返しながら吹いているが，そのうち強く吹く風や，顕著な寒冷前線の通過や雷雨などに伴って急に吹く激しい風も突風という。地表付近の気層が不安定となり対流が起こるとき発生する。
＜突風の前兆＞（次のうち2つ）
①　南寄りの風が吹く暖かい日に，西の水平線に発達した積乱雲が現れ接近するとき。
②　夜間，西の空に稲光りが見えるとき（積乱雲が近く，突風が予想される）。
③　しゅう雨性の雨が断続して降るとき。
④　無線に空電がしきりに入るとき。
⑤　気温の急激な降下，風向の急変があるとき。

問39　次の(1)及び(2)のように発生する霧は，それぞれ何霧といわれるか。
(1)　冷たい海面上に湿った暖かい空気が流れてきて，下方から冷却されて生じる。
(2)　水面上の冷たい安定した空気が，水面からの急激な蒸発によって水蒸気の補給を受けて飽和して生じる。

答　(1)　移流霧
　　(2)　蒸気霧（蒸発霧ともいう。）

問40　次の(1)及び(2)の雲は，それぞれ普通どのように見えるか。
(1)　巻（絹）雲
(2)　積雲

答　(1)　白色繊維状の繊細な雲で，羽毛状，直線上で陰影が無いのが特徴。
　　(2)　垂直に発達する厚い雲，上面はドーム状に隆起，底面はほとんど水平。光が当たると明暗の対称がはっきりあらわれる。

問41 雲量について：
(1) 雲量はどのような方法で表すように決められているか。
(2) 濃霧のため天空が全く見えないときは，雲量はどのように表すか。

答 (1) 雲におおわれた部分の全天空に対する見かけ上の割合を，0から10までの整数で表す。全天空に一片の雲もない状態を雲量0とし，全天空が雲におおわれて全く青空が見えない状態を雲量10とする。
(2) 10とする。

(2) 各種天気系

問42 小笠原高気圧に関する次の問いに答えよ。
(1) この高気圧の最盛期はいつごろか。また，いつごろ衰え始めるか。
(2) 日本付近がこの高気圧に覆われるころ吹く季節風には，どのような特徴があるか。
(3) (2)のころ，日本付近はどのような天気が多いか。

答 (1) 7月，8月が最盛期で，9月になると衰え始める。
(2) 風向は南から南東で，風力は3～4程度で，湿った暖かい風である。
(3) 気温が上がり，湿度は高くなり，安定した晴天が続く。沿岸には海陸風がはっきり現れ，強い日射によって積乱雲を生じ，スコールを伴うことが多い。

問43 右図は，天気図に見られる天気図記号の1つである。これに関する次の問いに答えよ。
(1) この天気図記号は何を表すか。
(2) 日本近海の天気図上に，この記号が長期間にわたって描かれる時期があるが，それは何月ごろか。
(3) (2)のようなことが起こるのはなぜか。

答 (1) 停滞前線
(2) ① 6月中旬ごろから7月中旬ごろまで。（ただし，年により10日程度前後にずれることがある。）
② 9月中旬ごろから10月上旬ごろまで。（ただし，数日，前後にずれることがある。）
(3) ＜①の場合（梅雨前線）＞
　　6月半ばごろから7月半ばごろにかけて，冷たくて比較的湿ったオホーツク海高気圧が千島方面から南下して，東北地方，日本海まで張り出してくる。
　　一方，日本の南東洋上から高温多湿の小笠原高気圧が，日本の太平洋沿岸まで張り出す。
　　これら2つの高気圧は，性質が異なるので中間に前線が発生する。しかも，両方の勢力はほぼ同じくらいであるので，中間に生じた前線はほとんど移動しないか，緩慢な動きをするだけで，日本列島の南岸沿いに停滞する。
＜②の場合（秋雨前線）＞
　　大陸から東へ移動してくる冷たい高気圧と日本の南方海上の北太平洋高気圧が均衡を保って秋雨前線が形成され停滞する。

問44 閉そく前線に関する次の問いに答えよ。
(1) 天気図記号を記せ。
(2) どのような前線か。

答 (1) （図示）

(2) 寒冷前線は温暖前線より速く移動することが多いので，ある時間がたつと寒冷前線は温暖前線に追いついて，寒気団が暖気団を地上から押し上げてしまい，暖気団の前にあった寒気団との間に前線を作る。このような場合の前線を閉そく前線という。
　　（追いついた寒気団が追いつかれた寒気団より温度が低い場合を「寒冷型閉そく前線」といい，温度が高い場合を「温暖型閉そく前線」という。）

問 45　停滞前線に関する次の問いに答えよ。
(1) 日本近海の天気図上に，停滞前線が長期間にわたって描かれる時期があるが，それは何月ごろか。
(2) (1)のようなことが起こるのはなぜか。

答　(1)　① 6月中旬ごろから7月中旬ごろまで。(ただし，年により10日程度前後にずれることがある。)
　　　　② 9月中旬ごろから10月上旬ごろまで。(ただし，数日，前後にずれることがある。)
　　(2)　<(1)①の場合(梅雨前線)>
　　　　6月半ばごろから7月半ばごろにかけて，冷たくて比較的湿ったオホーツク海高気圧が，千島方面から南下して東北地方，日本海まで張り出してくる。
　　　　一方，日本の南東洋上から高温多湿の小笠原高気圧が，日本の太平洋沿岸まで張り出す。
　　　　これら2つの高気圧は，性質が異なるので中間に前線が発生する。しかも，2つの勢力はほぼ同じくらいであるので，中間に発生した前線はほとんど移動しないか，緩慢な動きをするだけで，日本列島の南岸沿いに停滞する。
　　　　<(1)②の場合(秋雨前線)>
　　　　大陸から東へ移動してくる冷たい高気圧と，日本の南方海上の北太平洋高気圧が均衡を保って秋雨前線が形成され，停滞する。

問 46　日本付近の温帯低気圧に伴う前線に関する次の問いに答えよ。
(1) 温暖前線の付近では，どのような雲がみられることが多いか。また，雨はどのような降り方をするか。
(2) 寒冷前線が通過する場合，通過前と通過後では，風向はどのように変わるか。

答　(1)　雲：① 温暖前線接近の前触れとして巻雲や巻層雲が現れる。
　　　　　　② やがて高層雲が現れる。
　　　　　　③ 前線がさらに近づくと乱層雲が現れる。

雨：しとしとと地雨性（連続性）の雨が降る。（乱層雲がみられる頃は，連続的な，より強い雨が降る。）
(2) 通過前は，南西方向であるが，通過すると北西方向に急変する。

問47 日本付近を通過する温帯低気圧に関する次の問いに答えよ。
(1) 主にどの付近で発生するか。
(2) 地上天気図に示される温帯低気圧の1例を描き，次の(ア)〜(カ)を記入せよ。
　(ア) 低気圧の中心　　(イ) 等圧線　　(ウ) 低気圧の進行方向
　(エ) 寒冷前線　　(オ) 温暖前線　　(カ) 暖域（暖域と記せ）

答 (1) シベリア，中国大陸，中国の揚子江流域，東シナ海とくに台湾の北東海上。
(2) （右図示）

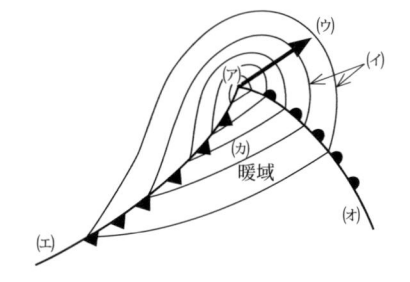

問48 日本近海に現れる次の(ア)〜(ウ)の気圧配置に関する下の問いに答えよ。
(ア) 西高東低型
(イ) 南高北低型
(ウ) 移動性高気圧型
〔問い〕
(1) (ア)と(ウ)は，それぞれ日本の四季のうちどの季節に多く現れるか。
(2) (ア)と(イ)の高気圧名をそれぞれ記せ。
(3) 等圧線の走る方向と気圧傾度は，(ア)と(イ)ではどのように異なるか。
(4) (ア)のときの日本近海の天気を述べよ。
(5) (ウ)の高気圧は，どの方向から移動してくるか。

答 (1) (ア)：冬
　　　(ウ)：春と秋
(2) (ア)：シベリア高気圧

(イ)：小笠原高気圧（太平洋高気圧）
(3) (ア)：等圧線はほぼ南北の方向に走り，気圧傾度は大きい。
　　(イ)：等圧線はほぼ東西の方向に走り，気圧傾度は小さい。
(4) 北西の季節風が強く吹き，大西風が2〜3日続く。低気圧は約7日ぐらいの周期で東に進み，いわゆる三寒四温の天候となり，日本海側は吹雪や雨を伴い，太平洋側は乾燥した強風が吹く。
(5) 中国大陸，揚子江流域。

問49 日本付近に現れる次の(A)〜(C)に関する下の問いに答えよ。
(A) シベリア高気圧
(B) オホーツク海高気圧
(C) 小笠原高気圧
〔問い〕
(1) (C)が日本付近に強く張り出してきたの日本付近の天候を述べよ。
(2) 多湿な高気圧を選び，記号で記せ。
(3) 次の(ア)〜(ウ)の天気図型と関係のある高気圧をそれぞれ選び，記号で記せ。
　(ア) 西高東低型（冬型）
　(イ) 南高北低型（夏型）
　(ウ) 梅雨型

答 (1) 7月半ばを過ぎる頃からこの高気圧が北上し，梅雨明けとなる。小笠原高気圧は優勢になって日本全体を覆うようになり，これは8月いっぱい続く。この期間は，よく晴れた蒸し暑い天気の日が多い。風は，南寄りの暖かい湿った風で，風力は弱く2〜3程度である。
(2) (B)，(C)
(3) (ア)：(A)
　　(イ)：(C)
　　(ウ)：(B)，(C)

【解説】
(1) 一般にシベリア高気圧は寒冷で乾燥，オホーツク高気圧は寒冷で多湿，小笠原高気圧は温暖で多湿な高気圧である。

(3) 天気図の見方・予測

問 50 日本近海の天気図を見て，風向・風力が記入されていない海域について次の(1)と(2)を予測する場合には，それぞれどのようなことを参考にすればよいか。
(1) 風向
(2) 風力

答 (1) ① 風は気圧の高い方から低い方へ吹き，高気圧の域内では時計回りに，等圧線に対して斜めの方向に吹き込む。
② 風向と等圧線の交角は，洋上ではだいたい20°〜30°程度である。
(2) 近くの，風向・風力が記入されている等圧線の間隔と風力を参考とする。(等圧線の間隔が狭い所ほど風力が強く，間隔が広くなると風は弱くなる。)

問 51 図は，日本付近における地上天気図の1例を示す。次の問いに答えよ。
(1) アとイの前線名をそれぞれ記せ。
(2) A，B，C，D，Eの5地点で：
  (a) 気圧の最も低い地点及びその地点の気圧を記せ。
  (b) 風力の最も強い地点及びその地点の風向と風力を記せ。
  (c) 気温の最も高いと思われる地点を記せ。
  (d) 雷雨のある地点及び霧のある地点をそれぞれ記せ。

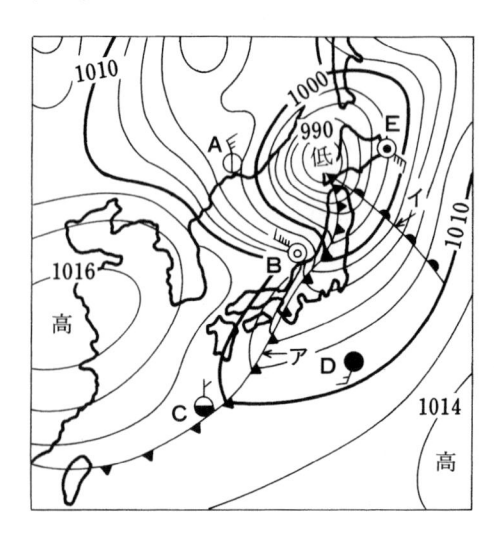

答 (1) ア：寒冷前線
　　　イ：温暖前線
　(2) (a) E, 998hPa
　　　(b) B, 風向：北西（NW），風力：5
　　　(c) D
　　　(d) 雷雨：C, 霧：E

問52　図は，日本付近における地上天気図の1例を示す。次の問いに答えよ。
(1) この天気図型が多く現れるのは，どの季節か。
(2) ア，イ及びウの前線名をそれぞれ記せ。
(3) A，B，C，D，E，Fの各地点で：
　(a) 気圧の最も低い地点及びその地点の気圧を記せ。
　(b) 風力の最も強い地点及びその地点のの風向と風力を記せ。
(4) アの2つの前線が通過した直後の日本海北部の風の特徴を述べよ。

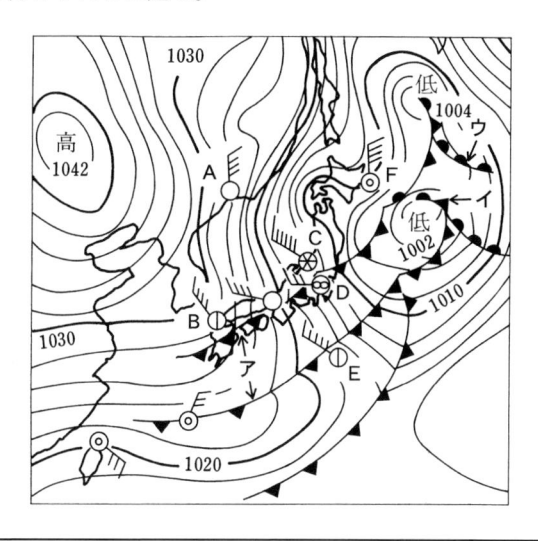

答 (1) 冬
　(2) ア：寒冷前線
　　　イ：閉そく前線
　　　ウ：温暖前線
　(3) (a) F, 1010hPa
　　　(b) C, 風力：北西（NW），風力：6
　(4) 後側の寒冷前線が通過した後，急に突風性の強い北寄りの風が吹く。

(4) 台風

問 53 右図は，台風が最もとりやすい標準経路を月別平均で示したものである。次の問いに答えよ。
(1) 10月の標準経路は，ア～キのうちどれか。記号で示せ。
(2) 台風がカの経路をとる場合，秋田では風向はどのように変わるか。
(3) 台風が平均的にこのような経路をとるのはなぜか。

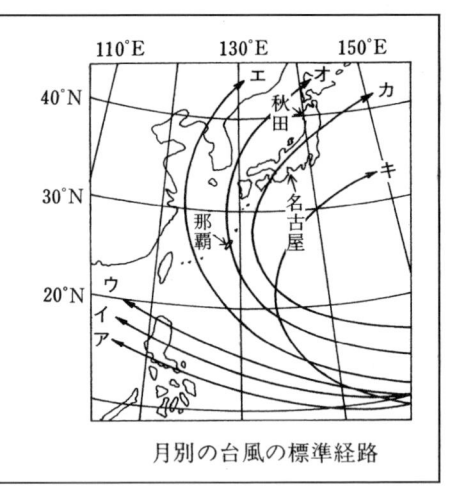

月別の台風の標準経路

答 (1) キ
(2) 「カ」の経路をとる場合，秋田に接近すると東寄りの風がだんだん強くなり，風は北東から北へと反時計回りに変転し，台風が去ると北西風となり弱まってくる。
(3) 台風は，太平洋高気圧（小笠原高気圧）の周りに沿って吹く風の流れに乗って移動するといわれている。すなわち，太平洋高気圧を右手に見ながらその周りを進む傾向がある。この高気圧は季節によって割合い規則的にその強さが変わるので，図のような経路をとることになる。

問 54 北半球の洋上で次の(1)～(3)の場合は，風浪をどの方向に受けて台風を避航すればよいか。また，避航中はそれぞれどのような危険に注意しなければならないか。
(1) 台風の進路上にあり，左半円に移ろうとする場合
(2) 台風の右半円にあるが，右半円の圏外に避航できる見込みのある場合
(3) 台風の左半円にある場合

答 (1) 避航法：右げん船尾2～3点の方向から風浪を受けて順走する。

　　　　注意事項：① 船尾から追い波を受けて，船尾付近の構造物や舵に損傷を受ける危険がある。
　　　　　　　　② 保針が困難で，波に対して横倒しになる危険がある。
　(2) 避航法：右げん船首2〜3点の方向から風浪を受けて避航する。
　　　　注意事項：① 船首船底部に強い波の衝撃を受けて，船底部付近に損傷を受ける危険がある。
　　　　　　　　② 横波を受けて，激しい横揺れや上下動をするため，プロペラの空転，速力の低下，保針困難等の危険がある。
　　　　　　　　③ 甲板上へ波が打ち込み，甲板上の構造物が損傷を受ける危険がある。
　(3) 避航法：右げん船尾2〜3点の方向から風浪を受けて順走する。
　　　　注意事項：① 船尾から追い波を受けて，船尾付近の構造物や舵に損傷を受ける危険がある。
　　　　　　　　② 保針が困難で，波に対して横倒しになる危険がある。

問55 台風が衰弱して温帯低気圧になると，台風のどのような特徴がなくなるか。3つあげよ。

答（次のうち3つ）
① 等圧線の形状が，円形または楕円形であったものが，その形がくずれる。
② 台風の中心部に対して左右対象的であった形がくずれ，非対称となる。
③ 中心部の気圧が急激に上昇し，中心付近の急な気圧傾度がゆるくなる。
④ 台風といわれるときには伴っていなかった温暖前線と寒冷前線を伴う。
⑤ 一般に進行速度が速くなる。

問56 台風の眼においては，一般に風が弱いのに，なお，一層の警戒を続けなければならない理由を述べよ。

答　① 台風の眼の中では風は弱いが，眼の周囲では強風が吹いており，この強風でいろいろな方向からの波が発生しているので三角波となり，操船が困難となる。
　　② 眼を通過すると，風向が180°変化した最強風が吹くので非常に危険である。

問57　日本近海を航行中の船が台風の接近を知った場合，避難港としては，どのような条件を備えた港を選べばよいか。4つあげよ。

答　（次のうち4つ）
　① 波浪，うねりの進入を防ぎ，強風の影響の少ないところを選ぶ。
　② 台風中心の進路からできる限り離れていること。
　③ いかりかきの良い底質であること。水深は，自船の喫水を考慮して適度であること。（びょう地としての条件や避難の時機等すべてを満足することは難しいので，少し深すぎるのはやむを得ない。）
　④ 出入時の水路に暗礁や浅水域が多く散在するところを避ける。
　⑤ びょう地の定置漁網や暗礁，その他の障害物から十分に離れてびょう泊することができること。
　⑥ できる限り陸上との連絡をとりやすいところがよい。

問58　日本付近に来襲する台風の右半円が危険半円である理由を述べよ。

答　① 右半円は左半円に比べて風力が強く，また，強風の範囲も広い。
　　② 台風圏外に避航する場合，風浪を船首方向から受けることになるので避航が困難である。

問59　北半球の洋上を航行中の船が，台風の右半円において右半円の圏外に避航できる見込みのある場合，風浪を船のどの方向に受けて台風を避航すればよいか。また，避航中はどのような危険に注意しなければならないか。

答　船首より右げん2〜3点くらいの方向から風浪を受ける針路とし，で

きる限りの速力を維持する。
注意事項：① 船首船底に激しい衝撃を受けたり，甲板上に波が打ち込んだりして構造物や甲板機器の損壊，復原力の減少を生じることがある。
　　　　　② プロペラの空転を起こすことがあり，これは，プロペラ軸や機関の故障の原因となりやすい。
　　　　　③ 速力が落ち，舵航を失うおそれがあり，危険である。針路の保持に注意しなければならない。

4 操船

(1) 操船，操縦性能

問60 港内航行時の操船に関する次の問いに答えよ。
(1) 見張りは，どのようにするのがよいか。
(2) 風潮流は，港内では一般にどのようなことにより判断するのがよいか。
(3) 緊急時に備えて，いかりはどのようにしておけばよいか。

答 (1) 乗組員の全員を入出港部署につかせ，見張りは船の前方だけに限らず，船の全方位に関して見張る。特に，周囲に存在する他船，岸壁，浮標その他の障害物との接近距離について注意して見張らなければならない。
(2) 風向は，旗のなびきや煙の流れる方向で判断する。潮流の流向・流速は，浮標の傾きや渦流の状態にて判断する。また，風潮流による外力の総合方向は，びょう泊船の船首方向を参考にして判断するのがよい。
(3) 両げんのいかりは，海面近くまで巻き出して，コックビル（Cook bill）の状態にしておく。

問61 固定ピッチプロペラの一軸右回り船が，機関を前進または後進に使用した場合について，次の問に答えよ。
(1) スクリュープロペラの回転によって生じる水の流れを2つあげよ。
(2) 舵中央として停止中のこの船が機関を前進にかけると，(1)の水の各流れは，それぞれ船尾を左，右のどちらへ偏向させるか。
(3) スクリュープロペラが回転する場合，上になった翼と下になった翼が受ける水の抵抗の差によって船尾を横方向へ押す力を何というか。

答 (1) ① 放出流
② 吸入流
(2) ＜放出流＞ 船尾を左に偏向させる。
＜吸入流＞ 船尾の偏向に影響がない。

(3) 横圧力

問62 船底外板が汚れていると，操船上どのような影響があるか。3つあげよ。

答 （次のうち3つ）
① 船速が落ちる。
② 最短停止距離が短くなる。（早く停止する。）
③ 舵効きが悪くなる。（旋回圏が大きくなる。）
④ 保針性が悪くなる。

問63 右図は，右げんからの風潮流を受けて北方向へ航行しているA船及びB船の航跡（-------）と船の体勢を示す略図である。
　これについて，次の問いに答えよ。
(1) A船及びB船は，それぞれどのような操舵法により航行しているか。次の(ア)，(イ)から選べ。
　(ア) コンパスの示度に針路を指定し，そのコンパスを見ながら操舵している。
　(イ) 船の前方に適当な重視目標（トランシット）を選び，これを操舵目標として操舵している。
(2) B船のとっている操舵法は，どのような場合に適するか。2つあげよ。

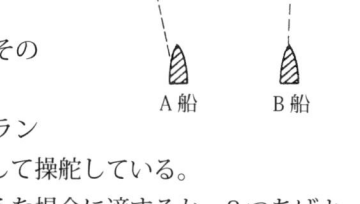

答 (1) A船……(ア)
　　　　B船……(イ)
(2) 重視線上からずれないよう適宜当て舵を取りながら正確に予定針路上を航行したい場合で：
① リーサイドに浅瀬等のある場合
② 航路や湾口に向け進入する進路上を進む場合

問64 他船と接近して追い越すかまたは行き会う場合，平行接近して航行する2船間の間隔が<u>ある距離</u>以内に入ると，相互作用によって危険に陥り衝突することがある。このような作用に関する次の問いに答えよ。
(1) どのような危険な作用が働くか。2つあげよ。
(2) 下線部分の<u>ある距離</u>とは，両船の長さを基準にすれば，一般にどのくらいか。
(3) この作用は，両船の速力がどのような場合に働くか。

答 (1)（次のうち2つ）
① 吸引作用
② 反発作用
③ 回頭作用
(2) 両船の各々の長さの和。
(3) 両船の速力が速いほど強く働く。

問65 旋回圏に関する次の用語を図を描いて示せ。
(1) 旋回縦距
(2) 旋回径
(3) 最終旋回径
(4) 旋回横距

答（図示）

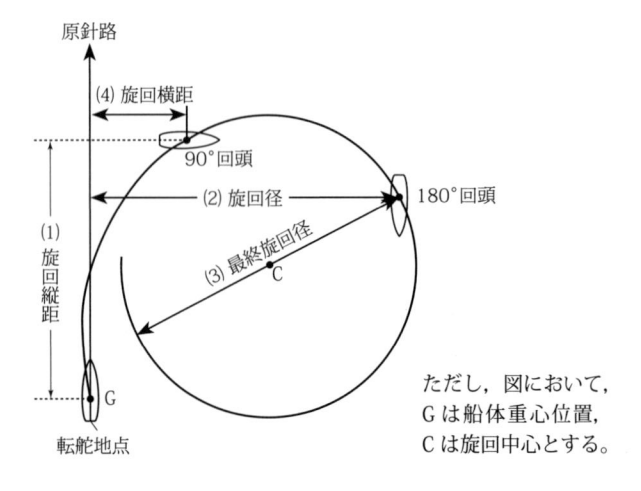

（図中ラベル）
- 原針路
- (4) 旋回横距
- 90°回頭
- (2) 旋回径
- 180°回頭
- (1) 旋回縦距
- (3) 最終旋回径
- C
- G
- 転舵地点

ただし，図において，Gは船体重心位置，Cは旋回中心とする。

問66 右図に示すように横付け係留している固定ピッチプロペラの一軸右回り船（総トン数500トン）を，離岸出港させる場合の操船法を述べよ。ただし，船尾方向からの風及び潮流があるものとする。

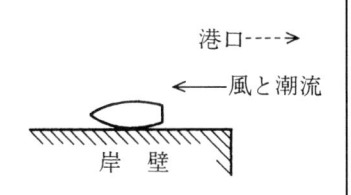

答 ① 左げん船首にフェンダーを当て，フォワードスプリング（バックスプリング）を1本残して，他の係留索をレッコする。
② 舵を右一杯（ハードスタボード）にとり，フォワードスプリングを静かに巻いて，風潮の力で船尾を岸壁より振り出す。
③ 船尾が岸壁から十分に離れたら，フォワードスプリングをレッコして，機関を後進にかけながら船体を岸壁から十分に引き離す。
④ 以後，機関と舵を適当に使用しながら船首を港口に向首させて出港する。

【参考】
風潮流の影響があるときの離岸法について
風潮流の来る側（船首または船尾いずれか）を先に岸壁から離すようにするのがよい。

問67 図に示すように係留索によって岸壁に横付け係留している固定ピッチプロペラの一軸右回り船（総トン数2000トン）を次の(1)及び(2)の場合に離岸出港させる操船法を述べよ。ただし，水深は，操船に支障なく，タグは使用しない。
(1) 風や潮流がないとき。
(2) 船首方向から弱い風と潮流を受けているとき。

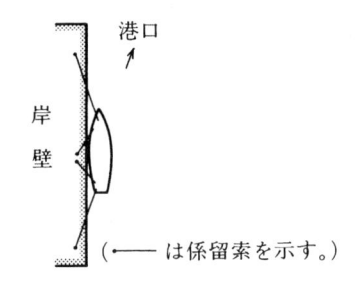

答 (1) ① 前部スプリングを残し，他の係留索を放つ。
② 左げん船首部にフェンダーを当て，前部スプリングを巻き締める。

③　かじを左かじ一杯とし，極微速前進をかける。
　　　④　船尾が岸壁から十分離れたとき機関を停止する。
　　　⑤　右かじ一杯，微速後進とし，前部スプリングを解き離す。
　　　⑥　船体が岸壁から十分離れたら，機関をいったん停止，微速前進にかけ，かじを適宜にとり港口へ向かう。
　(2)　①　後部スプリングを残して，他の係留索を放し，取り込む。
　　　②　後部スプリングを徐々に巻き，船首を振り出す。風・潮流の影響により船首が離れる。
　　　③　機関を前進にかけ，スプリングを放し，港口に向かう。

(2) 係留

問68　潮差の大きい港の岸壁に横付け係留中は，船の安全上どのような注意をしなければならないか。4つあげよ。

答　①　潮の干満による係船索のたるみ，緊張の度合いに注意し，すべての索に均等に張力がかかるように張り合わせる。
　　②　げん側が岸壁と擦れることにより外板やブルワーク等を損傷することがあるのでフェンダーを十分に当てること。
　　③　げん梯や道板に異状がないか注意すること。
　　④　バースの水深をよく調べておき，貨物の満載時と干潮時とが重なって底触などすることのないよう留意すること。

(3) びょう泊

問69　双びょう泊している船が，風潮によって180°振れ回り，両げんのびょう鎖がクロス（交差）状態になった場合，自力でこれを解くにはどのようにすればよいか。

答　①　両げんびょう鎖を巻き締めてたるみをとる。次に下の方になっているびょう鎖をいったん巻き揚げてから投びょうしなおす。
　　②　または，クロスを解く方向に転舵し，機関を使って回頭してクロス

を解く。

問70 両げんの船首いかりを用いてびょう泊する場合，びょう地の風や潮流等が次の(1)～(3)のような状況に対しては，どのようなびょう泊の形が最も適するか。それぞれについて略図で示せ。
(1) 風向はほとんど変わらないが，風力が強い。
(2) 風は弱いが，潮流があって流向が周期的に反転する。
(3) 風向が次第に時計回りに変わり，風力が強い。

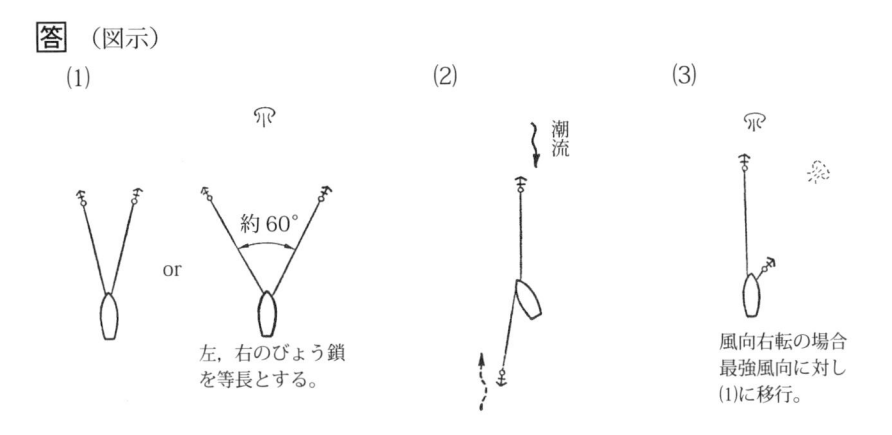

答 （図示）

(1)　　　　　　　　　　(2)　　　　　　　　(3)

約60°　　　　　　　　潮流　　　　　　　風向右転の場合
or　　　　　　　　　　　　　　　　　　　最強風向に対し
左，右のびょう鎖　　　　　　　　　　　　(1)に移行。
を等長とする。

問71 荒天のため航走困難となりびょう泊しようとする場合，びょう地の選定にあたりどのようなことに注意しなければならないか。6つあげよ。

答 （次のうち6つ）
① 波浪，うねりの侵入をできるだけ遮ることのできるびょう地であること。
② 強風を遮る地形であること。また，吹きおろしの強い地形を避けること。
③ いかりかきのよい底質のところ。
④ 暗礁や浅所など危険物の少ない泊地。
⑤ 出入港の針路が複雑でないところ。（特に不案内の泊地の出入港針路付近に暗礁や浅所が多いと危険である。）

⑥　びょう泊するのに水深が適当であること。
⑦　適当な広さがあること。
⑧　陸上との連絡をとれるところ。
⑨　現在位置から遠すぎないこと。
⑩　船の出入航する航路筋や定置漁網から十分に離れていること。

問72 単びょう泊に関する次の問いに答えよ。
(1) 左げん及び右げんのどちらのアンカーを使用するかは，次の(ア)と(イ)の場合，それぞれどのようなことを考慮して決定すればよいか。
　(ア)　風潮の影響のない場合
　(イ)　片げんから風潮の影響を受けている場合
(2) 風潮が強い場合に投びょうするときは，一般にどのような注意をしなければならないか。

答　(1) (ア) 両げんのびょう鎖の摩耗を平均にするため，できる限り，左右のいかりを交互に使用する。
　　　(イ) びょう鎖を切断しないように，必ず風潮上または回頭げん側のいかりを使用する。
　(2) ① 船首をいったん風潮に立ててから投びょう地点に接近する。
　　　② 機関を停止して対地行き足に十分注意して投びょうする。
　　　③ びょう鎖の出具合，方向に注意してなるべく対地行き足を正確につかみ，適宜，機関，舵で姿勢，行き足を調整する。

問73 風潮が強い場合，単びょう泊として投びょうするときには，一般にどのような注意が必要か。

答　① 船首を風潮に立ててからびょう地に接近する。
　② 風潮が強い場合には，対水速力と対地速力との差が大きいので，付近の物標を測ってその差を知り，機関を適宜使用して，対地行き足に十分注意して投びょうする。
　③ 投びょう後はびょう鎖の出具合いやその方向に注意し，正確な対地行き足をつかんで機関やかじを適宜使用して，いかりやびょう鎖に無理な張力がかからないようにする。

④ 風潮によって後進の行き足が過大になるおそれがあるので，いかりをかかせるときは，びょう鎖にショックを与えないように注意する。

> **問74** 単びょう泊中に風が強くなりびょう鎖を伸ばす場合には，どのようなことに注意しなければならないか。2つあげよ。

答 （次のうち2つ）
① 船体が振れ回っているときは，びょう鎖に力が加わっているので，振れ回りが止まってびょう鎖が少したるんだときに徐々に伸ばす。
② 周囲の船舶の動静や，後方の障害物などとの距離に十分注意する。
③ 風力が大きい場合は，ウインドラスを使用して，ウォークバックして伸ばす。

> **問75** 右図(a)〜(c)のびょう泊法に関する次の問いに答えよ。
> (1) (a)〜(c)は，それぞれ何というびょう泊法か。
> (2) (b)は，どのようなびょう地に適するか。
> (3) (c)は，どのような場合に用いられるか。

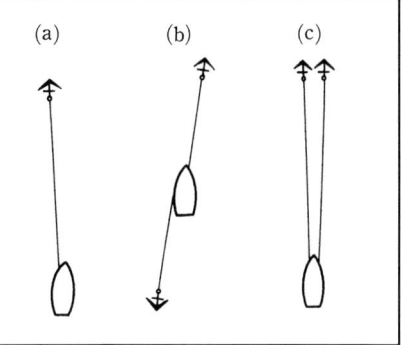

答 (1) (a) 単びょう泊
　　　 (b) 双びょう泊
　　　 (c) 2びょう泊
(2) 泊地が狭く，潮流の流向が周期的に反対方向に変わるびょう地。
(3) 風向がほとんど一定していて風力が非常に強い場合。

(4) 走びょう

> **問76** びょう泊中，荒天となった場合に走びょうを防ぐために行われる次の(1)～(3)の各方法について，それぞれの利点を述べよ。
> (1) 単びょう泊で，びょう鎖を長く伸ばしておく方法
> (2) 一方のびょう鎖を長く伸ばし，他げん側に振れ止めいかりを投じておく方法
> (3) 両げんのびょう鎖をほぼ同じ方向に同じ長さで伸ばしておく方法

答 (1) ① 投・揚びょう作業が，他のびょう泊の方法に比べて簡単である。緊急に転びょうしようとするとき有利である。
　　② からみいかり等が起こらない。
　　③ 走びょうの際に他げんびょうを投下できる。
(2) ① 船体のふれ回りを減少させ，前後方向の運動を緩和するので，びょう鎖にかかる衝撃が緩和され，走びょうやびょう鎖の切断防止に有効である。
　　② 風向の変化が予想される場合，風向が変わってゆく側のいかりをふれ止めに用いておくと，風向の変転に応じてこれを伸長し，風力最強の方向に対してびょう鎖の交角を60°前後とし，両げんびょう鎖をほぼ等長とする双びょう泊に移行することができる。
(3) (1)，(2)のびょう泊の方法に比べて，把駐力（いかりかき）がもっとも大きい。

(5) 荒天航行

> **問77** 荒天航行中の船は，針路，速力及び操舵について，一般にどのような注意をしなければならないか。4つあげよ。

答 （次のうち4つ）
　① 針路は，風浪を船首から左右2～3点ぐらいの方向から受けるようにする。
　② 船尾から風浪を受ける場合も，正船尾から左右2～3点の方向か

③ 高速になるほど海水の浸入が多くなり船体の動揺も大きくなるので，場合によってはかじの効く程度まで減速して航行する。
④ 低速のため船首が風下側に落とされて風上側への回頭が困難なときは，一時増速して舵効を増して元の針路に戻し，再び減速すればよい。
⑤ 荒天中の操舵は，大角度の舵角は危険であるので，常に風浪の方向に注意して，小刻みな当てかじを頻繁に行う。
⑥ 変針するときは，海面の状態をよく見て，比較的小さい波浪のときに小刻みに変針する。

問78 荒天の洋上を軽喫水で航行する場合，次の(1)及び(2)によってどのような危険を生じるか。
(1) 風
(2) 波浪

答 (1) （軽喫水時は風圧の影響が大きく，また，一般的には船尾トリムが大きいので次の危険性がある）
① 風下に落とされる量が大きいこと
② 転覆モーメントが大きくなること
③ 保針性が低下すること
(2) ① 速力が低下し，それに伴い操縦性が低下すること
② スラミングが増大し，衝撃によって船首部，船底部等に損傷を生じるおそれがあること
③ 推進器の空転による損傷のおそれがあること

(6) **特殊運用**

問79 洋上で自船とほぼ同じ大きさの船を曳航する場合の，次の(1)と(2)について述べよ。
(1) 曳索の長さ
(2) 曳索の切断を防止するために注意しなければならない事項

答 (1) ① 曳索に加わる緊張や衝撃を緩和するために，曳索の中央部付近が円弧状に海面下に没する程度がよい。
② 大きな波に対して曳船と被曳船が同じ姿勢を保って，同じような揺れ方をして進行するように，曳索の長さを調整する。
③ 一般に，曳船の長さと被曳船の長さの和の1/2の3.5〜7倍程度の範囲内で調節するのが良いとされている。

(2) ① 曳索の船体と摺れ合う部分に摩擦防止用の帆布類を巻き付ける（摺れ止め）。
② 曳船側は，曳船が自船のプロペラに絡むおそれのないことを確かめる。
③ 曳航開始時の機関の使用に注意し，急激な衝撃が曳索に加わらないよう，一番初めは最微速をかけ，曳索が張り始めたらいったん停止し，たるんでしまわないうちに再び最微速をかける。
④ 引き始める前に，曳船は被曳船の船首尾線上前方に占位するのがよい。
⑤ 曳航中に大幅の増減速を行ってはならない。特に，増速する場合には，曳索の張り具合をみて，機関の回転を増加する。
⑥ 変針するときは，一度に20°以上の変針を行ってはならない。小角度の変針を行い，被曳船が曳船の航跡に乗った後に再び変針する。これを繰り返して所要の針路に入る。
⑦ 変針するときは，波浪の状態をよく見て転舵する。
⑧ 曳航開始前に，曳船と被曳船間の簡単明瞭な連絡方法を定めておき，異常な状態が起こった場合に対処できるようにしておく。
⑨ シケ模様になったら曳索を伸出し，針路と速力を調整する。

問80 曳航時における曳索について述べた次の文のうち，<u>適当でないもの</u>はどれか。
(1) 曳索の長さは，その一部が常に水中に没する程度が適当であるが，荒天時は曳索の長さを縮めたほうが安全である。
(2) 曳索は，曳航用の鋼索と被曳航のびょう鎖を結合して用いるのがよい。
(3) 曳索の太さは，主として曳航速力や航行海面の風浪を考慮して決める。
(4) 曳索は，船尾付近の構造物を大回しにして係止し，船体との接触部には木材などを当てる。

答 (1)

【解説】
　荒天の時は曳索は更に長くする。

5 船舶の出力装置

(1) ディーゼル機関

問81 ディーゼル機関に関する次の問いに答えよ。
(1) ディーゼル機関を作動方式で分類するとどのような種類があるか。
(2) ディーゼル機関を作動するための燃料は，次のうちどれか。
　(ア) ガソリン
　(イ) 灯油
　(ウ) 軽油

答 (1) ① 四サイクルディーゼル機関
　　　　② 二サイクルディーゼル機関
(2) (ウ)

【解説】
①は小型船舶，②は大型船舶に備えられる機関である。

問82 四サイクルディーゼル機関と二サイクルディーゼル機関のそれぞれの利点を1つずつあげよ。

答 （次のうち1つずつ）
＜四サイクル機関の利点＞
　① ピストンのポンプ作用によりシリンダ内のガス交換が容易。
　② 圧縮始めの掃気効率が高いので熱交換がよい。
　③ シリンダ内の温度が低いので潤滑油消費量が少なく，シリンダライナの摩耗が少ない。
＜二サイクル機関の利点＞
　① 回転毎に作業工程があるので，同じ出力で小型にできる。
　② 弁機構が不要で取扱いが容易。
　③ 始動，逆転が容易。

6 貨物の取扱い及び積付け

(1) 貨物積付け

> **問83** 船の安全保持のため，次の(1)と(2)に対しては，それぞれどのような事項に注意して貨物の積付けを行うか。
> (1) 両げんの喫水及びトリム
> (2) 上甲板に積み付ける貨物

答 (1) 両げんの喫水が等しくなるように積付ける。また，トリムについては，適度な船尾トリム（船の長さの2.5％以下の船尾トリム）となるように積付ける。
　(2) ① 上甲板に貨物を積み過ぎて，船体がトップヘビーとならないように注意する。
　　② 上甲板は，船体動揺が最も大きくなる箇所なので，航行中に甲板貨物が荷くずれを起こさぬように，十分な荷敷き（ダンネージ）を施し，貨物はロープや鎖で厳重に固縛する。要すれば，両げん側に支柱を立てて，貨物の荷くずれを確実に防ぐようにする。
　　③ 甲板貨物で吸湿または吸水性のものを積付けたときは，丈夫な防水カバーを被せ，その上からロープで縛っておく。
　　④ 甲板貨物は，上甲板のハッチを完全に密閉してから積付ける。
　　⑤ 甲板貨物等により，上甲板各所の排水口が閉鎖されないように積付ける。

> **問84** 船が，重量物を次の(1)及び(2)のように積載した場合，航行上どのような不利（または危険）を生じるか。それぞれ2つずつ述べよ。
> (1) 船首のほうに多く積載した場合
> (2) 船底に近いところに多く積載した場合

答 （次のうち2つずつ）
　(1) ① 前進力も舵効きも悪く，定針して航行し難い。
　　② 荒天下では，船首が波に突っ込んで減速し，破壊や浸水の事故を

起こしやすい。
③ スクリュープロペラの空転が起こりやすく，機関の軸系故障の原因となる。
④ 凌波性が悪くなり，推進効率が低下し，速力がでない。

(2) ① ボトムヘビーになって船体が激しく横揺れする。
② 貨物が移動して損傷を起こす。
③ 鉄鋼材のようなものを積んでいるとき，これが移動すると外板を破損し，浸水を起こし，重大な事故の原因となる。

(2) 索

問85 ナイロン索を係船索として使用するときの注意事項を3つ述べよ。

答（次のうち3つ）
① 摩擦熱に弱いので，ビットや船のげん側と擦れ合う箇所には古帆布などを巻き付けて保護しておく。
② ビットやボラードに巻きとめるときには，少なくとも3回は巻き，索端を細索で縛ってスリップしたり解け戻したりすることのないようにしておく。
③ 荷重をかけると伸びが大きい。反動に注意すること。
④ 滑りやすいので，ウインチ，ウインドラスのワーピングエンドや，キャプスタンに巻いて巻き込むときは，巻き回数を増して滑りを防ぐこと。

問86 合成繊維ロープを係船索として使用するときの注意事項を3つ述べよ。

答（次のうち3つ）
① 滑りやすいので，ウインチ，ウインドラスのワーピングエンドやキャプスタンに巻いて係船索を巻き込むときは巻き回数を増して，滑りを防ぐこと。
② ボラードやビットに巻き止めるとき，巻き回数を増して滑りを防ぐ

こと。
③ 摩擦熱によって損傷することがあるので，船体や岸壁等と接触する部分に古帆布類を巻き付けて摩擦を防ぐこと。
④ 荷重をかけると伸びが大きいので，反動に注意すること。

【解説】
問85のナイロン索，問86の合成繊維ロープは同種のロープと考えてよい。

(3) テークル

問87 ラフテークルの見かけの倍力が4倍力であるものを図示せよ。

答 （右図示）

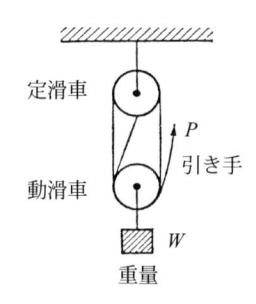

【解説】
テークルの倍力をNとすると，$N = \dfrac{W}{P}$ で表される。

問88 右図(1)と(2)のテークルの見かけの倍力は，それぞれいくらか。

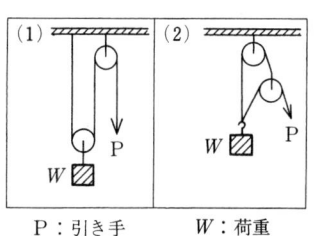

答 (1) 2倍力

(2) 3倍力

問89 右図のように，ロープを通したテークルで重量 W トンの貨物を揚げようとする場合について，次の問いに答えよ。
(1) この場合の見かけの倍力はいくらか。
(2) シーブ1枚につき10％の摩擦による力の損失があるものとすれば，この場合の実倍力はいくらか。

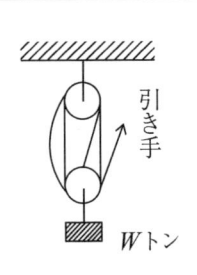

答 (1) 5倍力

(2) 実倍力 $= \dfrac{10 \times n}{10 + m}$ 　　$n =$ 見かけの倍力
　　　　　　　　　　　　　　　$m =$ シーブの数

いまシーブの数 $= 4$，見かけの倍力 $= 5$ であるので，

$$\dfrac{W}{P} = \dfrac{10 \times 5}{10 + 4} = \dfrac{50}{14} = \dfrac{25}{7} = \underline{3.57 \text{ 倍}} \text{ となる。}$$

問90 重さ700kgの貨物をつり揚げようとする場合，直径18mmのナイロンロープ（係数0.7）と直径12mmのワイヤロープ（係数2.0）のうち，どちらのロープを使用すれば安全か。
　ただし，安全使用力は破断力の1/6とする。（強度を計算して答えること。）

答 ① 直径18mmのナイロンロープの安全使用力

$$\left(\dfrac{18}{8}\right)^2 \times 0.7 \times \dfrac{1}{6} = 0.59 \text{ 〔トン〕}$$

② 直径12mmのワイヤロープの安全使用力

$$\left(\dfrac{12}{8}\right)^2 \times 2 \times \dfrac{1}{6} = \dfrac{3}{4} = 0.75 \text{ 〔トン〕}$$

② $> 700\text{kg} >$ ①

　　　　(答)　<u>直径12mmのワイヤロープを使用する。</u>

問 91　重さ 700kg の貨物をつり揚げようとする場合，直径 28mm のマニラロープと直径 12mm のワイヤロープ（係数 2.0）のうち，どちらのロープを使用すれば安全か。
　　ただし，安全使用力は破断力の 1/6 とする。（強度を計算して答えること。）

答　①　直径 28mm のマニラロープの安全使用力

$$\left(\frac{28}{8}\right)^2 \times \frac{1}{3} \times \frac{1}{6} = \frac{49}{72} \fallingdotseq 0.68 \,[\text{トン}]$$

　　②　直径 12mm のワイヤロープの安全使用力

$$\left(\frac{12}{8}\right)^2 \times 2 \times \frac{1}{6} = \frac{3}{4} = 0.75 \,[\text{トン}]$$

　　②＞ 700kg ＞①

(答)　直径 12mm のワイヤロープを使用する。

(4) 船内消毒

問 92　青酸ガスによる船内消毒に関する次の問いに答えよ。
(1)　この消毒の目的は何か。
(2)　消毒実施にあたっては細心の注意を払う必要があるが，なぜか。

答　(1)　ねずみ族や害虫駆除のために消毒を行う。
　　(2)　青酸ガスは猛毒があり，微量を吸収しても中毒を起こして死亡事故につながる。このガスは無色で甘味の臭気があるが，消毒に使用する濃度では無臭に近いので細心の注意が必要である。

7 非常措置

(1) 非常措置

問93 油タンカーにおいて，火災，爆発事故を防止するため，次の(1)及び(2)についてはそれぞれどのような注意が必要か。2つずつ述べよ。
(1) 喫煙場所
(2) 調理室の調理用ストーブの使用

答 （それぞれ2つずつ）
(1) ① 許可された場所のみとし，その旨表示すること。
② 灰皿には水を入れておく。
③ 喫煙後のタバコの火の消えていることを確認する。
(2) ① 荷役中，タンククリーニング中にはストーブの使用を中止する。
② ストーブの煙突には火の粉防止の金網を取り付ける。

問94 油タンカーが荷役を開始しようとする場合，非常用曳航ワイヤ（ファイヤ・ワイヤ）はどのような状態にしておかなければならないか。

答 船首部及び船尾部から，その一端をボラードに係止したワイヤーを，海面までとどく長さでたらしておく。その先端は，緊急の際にタグボートが曳航できるように適当な大きさのアイを入れておき，その部分は白く塗っておく。

【解説】
ファイヤ・ワイヤとは，油タンカーが火災事故等非常事態となったとき，タグボート等他船が本船を岸壁から引き離すため使用するワイヤ・ロープである。

(2) 乗揚げ

問95 船の浅瀬乗揚げ事故に関する次の問いに答えよ。
(1) 浅瀬乗揚げ事故の原因として，一般にどのようなことが考えられるか。5つあげよ。
(2) 乗り揚げた場合，直ちにどのようなことを調査する必要があるか。5つあげよ。

答 (1) （次のうち5つ）
① 船位の確認を頻繁に行っていなかった。
② 見張り不十分。
③ 水路通報や航行警報による海図の改正や整備の不十分。
④ 針路に対する風，海潮流の改正の誤り。
⑤ 船位測定の際の物標の誤認やコンパス誤差改正の誤り。
⑥ 航路標識の見誤り。
⑦ 浅瀬付近の水路の調査が不十分で，航路の選定が誤っていた。

(2) （次のうち5つ）
① 船体の乗り揚げ箇所はどこか。
② 損傷の場所とその程度。
③ 浸水の有無とその程度。
④ 機関の損傷の有無とその程度。
⑤ 舵の損傷の有無と使用の可否。
⑥ 付近の水深及び底質。
⑦ 潮時，潮高。
⑧ 付近の海流の転流時，流向，流速。

8 / 9 医療,捜索及び救助

> **問 96** IMO の商船捜索救助便覧(MERSAR)における捜索パターンの種類の名称を2つあげよ。

答 (次のうち2つ)
① 方形拡大捜索パターン
② 扇形捜索パターン
③ 平行捜索パターン
④ 船舶・航空機合同捜索パターン

法 規

1 海上衝突予防法・海上交通安全法・港則法

(1) 海上衝突予防法 ― 定義用語

問1 次の用語の定義を述べよ。
(1) 漁ろうに従事している船舶
(2) 長音

答 (1) 船舶の操縦性能を制限する網,なわその他の漁具を用いて漁ろうをしている船舶をいう。(海上衝突予防法第3条第4項)
(2) 4秒以上6秒以下の時間継続する汽笛の吹鳴をいう。(同法第32条第3項)

問2 海上衝突予防法の次の灯火の定義を述べよ。
(1) 両色灯
(2) 引き船灯

答 (1) 紅色及び緑色の部分からなる灯火であって,その紅色及び緑色の部分がそれぞれげん灯の紅色及び緑色と同一の特性を有することとなるように船舶の中心線上に装置されるものをいう。(海上衝突予防法第21条第3項)
(2) 船尾灯と同一の特性を有する<u>黄灯</u>をいう。(同法第21条第5項)
【解説】
(2) 船尾灯と同一の特性とは,135度にわたる水平の弧を照らし,その射光が正船尾方向から各げん67度30分までの間を照らすもの。

問3 次の用語の定義を述べよ。
(1) 航行中
(2) 長音

答 (1) 船舶がびょう泊(係船浮標又はびょう泊をしている船舶にする係留を含む。)をし,陸岸に係留をし,又は乗り揚げていない状態をいう。

(海上衝突予防法第3条第9項)
(2) 4秒以上6秒以下の時間継続する汽笛の吹鳴をいう。(同法第32条第3項)

問4 海上衝突予防法の用語の定義を述べよ。
(1) 短音
(2) 帆船
(3) せん光灯

答 (1) 約1秒間継続する汽笛の吹鳴をいう。(海上衝突予防法第32条第2項)
(2) 「帆船」とは, 帆のみを用いて推進する船舶及び機関のほか帆を用いて推進する船舶であって帆のみを用いて推進しているものをいう。(同法第3条第3項)
(3) 一定の間隔で毎分120回以上のせん光を発する全周灯をいう。(同法第21条第7項)

問5 海上衝突予防法の「運転不自由船」に該当する船舶は, 次のうちどれか。
(1) 航行中における燃料等の補給, 人の移乗又は貨物の積替えを行っている船舶
(2) 操舵装置に故障が生じているため, 他の船舶の進路を避けることができない船舶
(3) 進路から離れることが著しく困難なえい航作業に従事している船舶
(4) 海底パイプラインの敷設や保守点検を行っている船舶

答 (2)
(海上衝突予防法第3条第6項)
【解説】
(1), (3), (4)とも操縦性能制限船である。(同法第3条第7項)

問6 次の用語の定義を述べよ。
 (1) 運転不自由船
 (2) 喫水制限船

答 (1) 船舶の操縦性能を制限する故障その他の異常な事態が生じているため他の船舶の進路を避けることができない船舶をいう。（海上衝突予防法第3条第6項）
 (2) 船舶の喫水と水深との関係によりその進路から離れることが著しく制限されている動力船をいう。（同法第3条第8項）

(2) 海上衝突予防法 ― 安全な速力

問7 海上衝突予防法によれば，レーダーを使用していない船舶が，「安全な速力」を決定するに当たり特に考慮しなければならない事項として，次の(1)と(2)のほかどのような事項があるか。
 (1) 視界の状態
 (2) 船舶交通のふくそうの状況

答 ① 自船の停止距離，旋回性能その他の操縦性能
 ② 夜間における陸岸の灯火，自船の灯火の反射等による灯火の存在
 ③ 風，海面及び海潮流の状態並びに航路障害物に接近した状態
 ④ 自船の喫水と水深との関係
（海上衝突予防法第6条第3号～第6号）

(3) 海上衝突予防法 ― 衝突のおそれ，避航

問8 海上衝突予防法によれば，レーダーを使用している船舶は，他の船舶と衝突するおそれがあることを早期に知るために，レーダーをどのように用いなければならないか。

答 長距離レーダーレンジによる走査，探知した物件のレーダープロッティ

ングその他の系統的な観察を行うなど，レーダーを適切に用いなければならない。（海上衝突予防法第7条第2項）

問9　海上衝突予防法によれば，船舶が，他の船舶と衝突するおそれがあるかどうかを判断する場合，接近してくる他の船舶のコンパス方位については，どのように判断し，又，どのようなことを考慮しなければならないか。

答　＜コンパス方位の判断＞
　　接近してくる他の船舶のコンパス方位に明確な変化が認められない場合は，これと衝突するおそれがあると判断しなければならない。
＜考慮すべきこと＞
　　接近してくる他の船舶のコンパス方位に明確な変化が認められる場合においても，大型船舶若しくはえい航作業に従事している船舶に接近し，又は近距離で他の船舶に接近するときは，これと衝突するおそれがあり得ることを考慮しなければならない。
（海上衝突予防法第7条第4項参照）
【解説】
　　大型船やえい航船は，これらの前方船首方向の方位に変化があったとしても船尾方向の方位変化がないことがあるので，それらと衝突するおそれがあることを考慮すること。

問10　海上衝突予防法に関する次の問いに答えよ。
　　あらゆる視界の状態において，船舶は，他の船舶との衝突をさけるための動作をとる場合は，他の船舶との間にどのような距離を保って通過することができるようにしなければならないか。又，その避航動作をとった後は，どのようにしなければならないか。

答　安全な距離（を保って通過することができるよう，その動作をとらなければならない。）
　　その動作の効果を船舶が通過して十分に遠ざかるまで慎重に確かめること。（海上衝突予防法第8条第4項）
【解説】
　　設問には無いが，衝突をさけるための動作の第1段階は，できる限り，

十分に余裕のある時期に，船舶の運用上の適切な慣行に従ってためらずにその動作をとることである。(同法第8条第1項)

(4) 海上衝突予防法 ― 狭い水道等

問11 狭い水道等の航法について：
(1) 「狭い水道等」とは，「狭い水道」のほか，どのようなところをいうか。
(2) 狭い水道等において，航行中の一般動力船と漁ろうに従事している船舶が接近する場合，両船はそれぞれどのような航法をとらなければならないか。

答 (1) 「航路筋」をいう。(海上衝突予防法第9条第1項)
(2) 航行中の一般動力船は，漁ろうに従事している船舶の進路を避けなければならない。(同法第9条第3項)
　　ただし，漁ろうに従事している船舶は，狭い水道の内側を航行している一般動力船の通路を妨げないようにしなければならない。

【解説】
(1) 「航路筋」とは，港湾や水道等における船舶通航のための浚渫された河口水域，大型船が通航できる水深のある水路等をいう。

問12 海上衝突予防法第9条（狭い水道等）の航法について：
(1) 狭い水道等をこれに沿って航行する船舶は，どのように航行しなければならないか。
(2) 狭い水道等を横切ろうとする船舶は，どのような注意をしなければならないか。
(3) 狭い水道におけるびょう泊については，どのように規定されているか。

答 (1) 安全であり，かつ，実行に適する限り，狭い水道等の右側端に寄って航行しなければならない。(海上衝突予防法第9条第1項)
(2) 狭い水道等を横切ろうとする船舶は，狭い水道等の内側でなければ安全に航行することができない他の船舶の通航を妨げることとなる場合は，その狭い水道等を横切ってはならない。(同法第9条第5項)

(3) 船舶は，狭い水道等においては，やむを得ない場合を除き，びょう泊をしてはならない。（同法第9条第9項）

問13 海上衝突予防法第9条（狭い水道等）の航法について：
　狭い水道等において，追越し船が追越し信号を行わなければならないのは，どのような場合か。

答　追い越される船舶が，自船を安全に通過させるための動作をとらなければ，これを追い越すことができない場合。（海上衝突予防法第9条第4項）

問14　狭い水道等における航法について：
(1) 航行中の動力船（漁ろうに従事している船舶を除く。）と漁ろうに従事している船舶とがお互いに接近し衝突するおそれがあるときは，両船はそれぞれどのような航法をとらなければならないか。
(2) 長さ20メートル未満の動力船は，どのような船舶の通航を妨げてはならないか。

答　(1) 当該動力船は，漁ろう中の船舶の進路を避けなければならない。漁ろう船は，注意しながら漁ろうに従事する。（海上衝突予防法第9条第3項）
(2) 狭い水道等の内側でなければ安全に航行することができない他の動力船。（同法第9条第6項）
【解説】
(1)「ただし，この規定は漁ろう中の船舶が狭い水道等の内側を航行している他の船舶の通航を妨げる事ができる事とするものではない。」と規定されているので，漁ろう船といえども動力船が避航できる余地をあけておかなければならない。

問15　海上衝突予防法において，障害物があるため他の船舶を見ることができない狭い水道等のわん曲部に接近する船舶は，どのようにしなければならないか。

答 ① 十分に注意して航行しなければならない。
　② 狭い水道等のわん曲部に接近する船舶は，長音1回の汽笛信号を行わなければならない。
　③ わん曲部の付近又は障害物の背後において長音1回の汽笛信号を聞いたときは，長音1回の汽笛信号を行うことによりこれに応答しなければならない。
（海上衝突予防法第9条第8項，第34条第6項）

問16　狭い水道等を横切ろうとする船舶は，どのような注意をしなければならないか。

答　狭い水道等の内側でなければ安全に航行できない他の船舶の通航を妨げることとならないかどうかに注意し，妨げるおそれのある場合には，横切ってはならない。（海上衝突予防法第9条第5項）

(5) 海上衝突予防法 ― 追越し船

問17　追越し船の航法について：
(1) 他の船舶を追い越す船舶は，どのような航法をとらなければならないか。
(2) 船舶は，自船が追越し船であるかどうかを確かめることができない場合は，どのように判断しなければならないか。
(3) 狭い水道等で，追越し船が追越しの意図を示す汽笛信号を行わなければならないのは，どのような場合か。又，この場合の汽笛信号を述べよ。

答 (1) 追越し船は，追い越される船舶を確実に追い越し，かつ，その船舶から十分に遠ざかるまでその船舶の進路を避けなければならない。（海上衝突予防法第13条第1項）
(2) 船舶は，自船が追越し船であるかどうかを確かめることができない場合は，追越し船であると判断しなければならない。（同法第13条第3項）
(3) 追い越される船舶が，追い越そうとする船舶を安全に通過させるた

めの動作をとらなければ追い越すことができない場合に追越しの意図を示すために行う。(同法第9条第4項,第34条第4項)

＜汽笛信号＞

他の船舶の右げん側を追い越そうとする場合は,長音2回に引き続く短音1回を鳴らす。

他の船舶の左げん側を追い越そうとする場合は,長音2回に引き続く短音2回を鳴らす。

【解説】

狭い水道等で追い越す場合：通常,追い越される船舶からの同意信号(長音,短音,長音,短音)を得てから追越し動作をとらなければならない。

問18 海上衝突予防法に関する次の問いに答えよ。

夜間,航行中の一般動力船A丸が一般動力船B丸(長さ20メートル)を,右図の態勢で追い越す場合：

(1) A丸から見たB丸の灯火は,次の(ア)と(イ)のとき,それぞれどのように見えるか。略図で示せ。

　(ア) A丸が,B丸の後方(図の位置)にあるとき。

　(イ) A丸が,B丸の正横にあるとき。

(2) 接近し衝突のおそれがある場合,A丸及びB丸は,それぞれどのような処置をとらなければならないか。

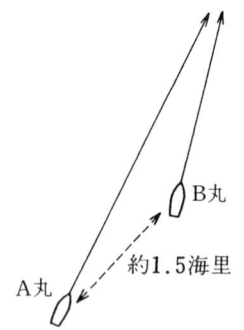

答 (1) (ア)　　　　　　　　　　　　　(イ)

　　　　○ (白灯)　　　　　　　　　　　○ (白灯)

　　　　　　　　　　　　　　　　　　　　⊘ (紅灯)

　　　(船尾灯1個)　　　　　　　(マスト灯1個,左げん灯1個)

(2) A丸(追越し船)：

　① 針路を大幅に転じ,B丸からできるだけ遠ざかる態勢で追い越す。

　② 追い越した後も十分遠ざかるまでB丸の進路を避ける。

③ 転舵又は機関の使用時には，所定の信号を行う。
(海上衝突予防法第 21 条)
　B 丸（被追越し船）：
① A 丸の動静に注意しながら針路・速力を保持する。
② A 丸の追越し動作に疑いを感じたら警告信号を行い，避航を促す。
③ それでも A 丸が接近して衝突のおそれが生じた場合，衝突を避けるための最善の動作をとる。
④ 転舵又は機関の使用時には，所定の信号を行う。
(海上衝突予防法第 13 条，第 17 条，第 34 条)

(6) 海上衝突予防法 ― 行会い船

問 19 行会い船の航法について：
(1) 2 隻の動力船が真向かい又はほとんど真向かいに行き会う場合において衝突するおそれがあるときの航法を述べよ。
(2) 「行会い船」とは，夜間，2 隻の動力船がどのような状況にある関係をいうか。
(3) 動力船が，自船が他の動力船に対して行会い船の状況にあるかどうかを確かめることができない場合，どのような状況にあると判断しなければならないか。

答 (1) 2 隻の動力船が真向かい又はほとんど真向かいに行き会う場合において衝突するおそれがあるときは，各動力船は，互いに他の動力船の左げん側を通過することができるようにそれぞれ針路を右に転じなければならない。（海上衝突予防法第 14 条第 1 項）
(2) 他の動力船を船首方向又はほとんど船首方向に見る場合において，当該他の動力船のマスト灯 2 個を垂直線上若しくはほとんど垂直線上に見るとき，又は両側のげん灯を見る状態にあるとき。（同法第 14 条第 2 項）
(3) 動力船は，自船が他の動力船に対して行会い船の状況にあるかどうかを確かめることができない場合には，その状況にあると判断しなければならない。（同法第 14 条第 3 項）

134

> **問20** 一般動力船Aが夜間航行中，自船の
> 正船首方向に右図のような他の船舶Bの
> 灯火を認め，互いに接近する場合：
> (1) Bは，どのような船舶か。
> (2) この場合に適用される航法は何か。
>   （「…の航法」の要領で答えよ。）
> (3) A及びBは，それぞれどのような航法上の処置をとらなければならないか。
>
> （注：○は白灯，⦸は紅灯，⊗は緑灯を示す。）

答 (1) 航行中の長さ50メートル未満の動力船で，正船首を見せているもの。（海上衝突予防法第23条第1項）
(2) 「行会い船の航法」が適用される。（同法第14条）
(3) 各動力船は，互いに他の動力船の左げん側を通過することができるようにそれぞれ針路を右に転じなければならない。（同法第14条第1項）

(7) 海上衝突予防法 ― 横切り船

> **問21** 互いに他の船舶の視野の内にある2隻の一般動力船が，互いに進路を横切って衝突するおそれがある場合：
> (1) 避航船となるのは，どのような態勢にある船舶か。
> (2) 保持船が，避航船と間近に接近する前に，自船のほうから避航船との衝突を避けるための動作をとることができるのは，どのような場合か。
> (3) 保持船が(2)の動作をとるときは，やむを得ない場合を除いて，どのような動作をしてはならないか。

答 (1) 他の動力船を右げん側に見る動力船。（海上衝突予防法第15条第1項）
(2) 避航船が海上衝突予防法の規定に基づく適切な動作をとっていないことが明らかになった場合（保持船が短音5音以上の警告信号を繰り返し行っても，避航船が適切な避航動作をとっていないとき）。（同

法第 17 条第 2 項）

(3) 針路を左に転じてはならない。（同法第 17 条第 2 項）

問 22 一般動力船 A が夜間航行中, 自船の右げん前方に右図のような他の船舶 B 丸の灯火を認め，その方位が変わらず接近する場合：

(1) B 丸は，どのような船舶か。
(2) この場合に適用される航法は何か。
（「…の航法」の要領で答えよ。）
(3) A 丸は, (2)の航法上どのような処置をとらなければならないか。

（注：○は白灯, ◎は紅灯を示す。）

答 (1) 左げん側を見せて航行している動力船（一般動力船）である。長さは，通常 50 メートル以上である。（海上衝突予防法第 23 条第 1 項）

(2) 横切り船の航法（同法第 15 条第 1 項）

(3) A 丸は, B 丸の進路を避けなければならない。

① B 丸の動静に注意しながら, B 丸から十分に遠ざかるため, できる限り早期に, かつ, 大幅に動作をとらなければならない。

② 具体的には, 十分に余裕のある時期に, 大きく右転, 又は大幅に減速して大きく右転し, B 丸との間に安全な距離を保って通過しなければならない。進路を右に転じているときは, 汽笛により短音 1 回の操船信号を行わなければならない。

③ やむを得ない場合を除き, B 丸の船首方向を横切ってはならない。

（同法第 5 条, 第 8 条, 第 16 条, 第 34 条第 1 項）

(8) 海上衝突予防法 ― 各種船舶間の航法

問23 航行中の漁ろうに従事している船舶が，他の各種船舶に対してとらなければならない航法について：
(1) 自船が保持船となるのは，どのような船舶に対してか。
(2) 自船が，できる限り，進路を避けなければならないのは，どのような船舶に対してか。
(3) 円筒形の形象物1個を垂直線上に掲げている動力船に対しては，どのようにしなければならないか。

答 (1) 航行中の動力船と帆船（海上衝突予防法第18条第1項，第2項）
(2) 運転不自由船と操縦性能制限船（同法第18条第3項）
(3) （やむを得ない場合を除き）その安全な通航を妨げてはならない。（同法第18条第4項）

【解説】
(3) この形象物を掲げている動力船は，喫水制限船である。

問24 航行中の運転不自由船（長さ12メートル以上）に関する次の問いに答えよ。
(1) 航行中の漁ろうに従事している船舶と接近して衝突するおそれがあるときは，運転不自由船はどのようにしなければならないか。
(2) 夜間，この船舶の対水速力の有無を，他の船舶はどのようにして知るか。

答 (1) ① 運転不自由船はできる限りその針路と速力を保持すること。
② 漁ろう船が避航しないときは，汽笛による警告（疑問）信号を行い，相手船の避航を促すこと。
③ 漁ろう船は操縦が容易ではないことを考慮して，いつでも最善の協力動作をとれるよう準備しておくこと。
（海上衝突予防法第18条第3項）
(2) 対水速力を有するときは，げん灯（1対）と船尾灯（1個）を掲げることとなっているので，これらの灯火の有無で判断できる。（海上

衝突予防法第27条第1項第2号）

【解説】
(2) 長さ20m未満の船舶では，げん灯は両色灯でもよい。

問25 次の文の下線部分の判断や処置などが，「正しい」か「正しくない」かを示し，「正しくない」ものについては，その理由を述べよ。
(1) 接近してくる大型船舶のコンパス方位を慎重に数回測り，<u>その方位に明確な変化があったので衝突のおそれがないものと判断した</u>。
(2) 霧中航行中の反航する2隻の動力船が，突然，正船首方向，距離約400メートルに互いに他の船舶を視認したので，直ちに，<u>両船とも機関を全速後進とし，短音3回の汽笛信号を行った</u>。
(3) 昼間，航行中の運転不自由船が，故障箇所を修理するためびょう泊し，同時に<u>それまで掲げていた球形形象物2個を降ろし，球形形象物1個を掲げた</u>。

答 (1) 「正しくない」
　　＜理由＞　明確な変化があっても，相手船が<u>大型船</u>やえい航作業に従事している船であったり，又は，近距離での接近であったりする場合には衝突するおそれがあり得る。（海上衝突予防法第7条第4項）
(2) 「正しい」（同法第34条第1項）
(3) 「正しい」（同法第27条第1項，第30条第1項）

【解説】
(1)は一般的には正しいが，この問いは大型船舶との関係であることに注意すること。

問26 A動力船が夜間航行中，その船首から左げん40度方向に，B船の灯火を右図のように認め，その方位が変わらずに接近する場合：
(1) B船は，どのような船舶か。
(2) この場合に適用される航法は何か。
(「…の航法」の要領で答えよ。)
(3) A船がとらなければならない航法上の処置を述べよ。

（注：○は白灯，⊗は緑灯を示す。）

答 (1) 航行中のトロールにより漁ろうに従事している船舶。長さ50メートル以上で対水速力を有しており，右げん側を見せている。（海上衝突予防法第26条第1項）
(2) 各種船舶間の航法（同法第18条第1項）
(3) ① A船はB船の針路を避けなければならない。
② A船は，十分余裕のある時期に針路又は速力の変更を行う。
③ ②の動作は，B船が容易に認めることができるように大幅に行う。
④ 針路の変更，機関の使用を行うときは，規定の操船信号を行う。
（同法第8条，第34条第1項）

問27 一般動力船Aが夜間航行中，自船の正船首方向に右図のような他の船舶Bの灯火を認め，互いに接近する場合：
(1) Bは，どのような船舶か。
(2) この場合に適用される航法は何か。
(「…の航法」の要領で答えよ。)
(3) A及びBは，それぞれどのような航法上の処置をとらなければならないか。

（注：○は白灯，⊘は紅灯，⊗は緑灯を示す。）

答 (1) 航行中のトロール以外の漁法により漁ろうに従事している船舶。

正面を見せており，対水速力がある。（漁具を水平距離150メートルを超えて船外に出していない。）（海上衝突予防法第26条第2項）
(2)　各種船舶間の航法（同法第18条第1項）
(3)　＜Aの処置＞
　①　Bの針路を避けなければならない。
　②　十分に余裕のある時機に針路又は速力の変更を行う。
　③　②の動作は，Bが容易に認めることができるように大幅に行う。
　④　転舵又は機関を後進にかけた場合は，規定の操船信号を行う。
　　＜Bの処置＞
　①　できるだけ針路・速力を保持する。
　②　Aの動静に注意し，Aが衝突を避けるための動作をとっているかどうか疑わしいときは，直ちに短音5回以上の警告信号を行う。
　③　それでもAが適切な避航動作をとっていないことが明らかな場合は，Bは直ちに衝突を避けるための動作をとる。
　④　転舵又は機関を後進にかけた場合は，規定の操船信号を行う。
　⑤　Aが漁具の方向に接近するようなときは探照灯又は強力な作業灯で漁具の方向を照射してAの注意を喚起する。
（同法第8条，第16条，第17条，第34条）

問28　一般動力船Aが夜間航行中，自船の正船首方向に右図のような他の船舶Bの灯火を認め，互いに接近する場合：
(1)　Bは，どのような船舶か。
(2)　この場合に適用される航法は何か。
　　（「…の航法」の要領で答えよ。）
(3)　Aはどのような航法上の処置をとらなければならないか。

（注：◎は紅灯，⊗は緑灯を示す。）

答　(1)　航行中の運転不自由船。対水速力があり，正面を見せている。（海上衝突予防法第27条第1項）
(2)　各種船舶間の航法（同法第18条第1項）
(3)　①　Aは，Bの進路を避けなければならない。

② 十分に余裕のある時機に変針又は速力の変更を行い避航すること。
③ 変針，変速は，大幅に行うこと。
④ 操船信号は，規定どおりに行うこと。
（同法第8条，第16条，第34条）

問29 一般動力船Ａが夜間航行中，自船の左げん方向に右図のように他船Ｂの灯火を認め，その方位が変わらずに接近する場合：
(1) Ｂは，どのような船舶か。
(2) Ａは，どのような航法をとらなければならないか。
（注：○は白灯，⊘は紅灯，⊗は緑灯を示す。）

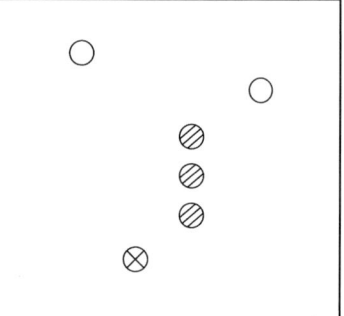

答 (1) 右げんを見せて航行している喫水制限船。（海上衝突予防法第23条第1項，第28条）
(2) やむを得ない場合を除き，Ｂ丸の安全な通行を妨げてはならない。
（同法第18条第4項）

【解説】
上図の関係で：他船Ｂも一般動力船ならば，Ｂ丸の方が避航船となるが，この場合，Ｂ丸は喫水制限船であることに注意すること。

(9) 海上衝突予防法 ― 灯火，形象物

問30 海上衝突予防法の法定灯火には，マスト灯，げん灯及び船尾灯のほかにどのようなものがあるか。4つあげよ。

答 両色灯，引き船灯，全周灯，せん光灯。（海上衝突予防法第21条）

問31 次図は，長さ50メートル以上の動力船が1隻の船舶を引いている場合（えい航物件の後端までの距離が200メートル以下）及びこの場合に各船舶が掲げなければならない灯火を示したものである。（○印は灯火であるが，正横から視認できないものも掲げるべき灯火として示した。）この場合について：

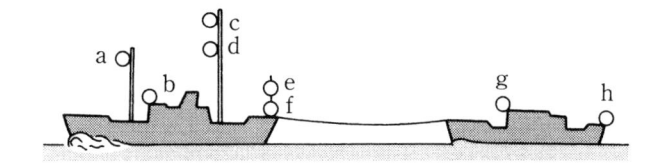

(1) 次の(ア)～(ウ)の灯火は図のうちどれか。それぞれについて記号で答えよ。
　(ア) 白色の灯火
　(イ) 黄色の灯火
　(ウ) 正面から視認できない灯火
(2) この動力船が保持船となるのは，どのような場合か。

答 (1) (ア) 白色の灯火：a, c, d, f, h（5つ）
　　　(イ) 黄色の灯火：e（1つ）
　　　(ウ) 正面から視認できない灯火：e, f, h（3つ）
　　（海上衝突予防法第21条，第24条第1項）
　(2) ① 他船に追い越される場合
　　　② 横切り関係にあって，他の動力船を左げんに見る場合
　　（同法第13条第1項，第15条第1項）
　（注）一隻の船舶とみなす。

問32 航行中のトロールによる漁ろうに従事している船舶（長さ60メートル）について：
(1) どのような灯火・形象物を掲げなければならないか。
(2) できる限りどのような船舶の進路を避けなければならないか。
(3) 視界制限状態にあるときは，どのような音響信号を行わなければならないか。

答 (1) ＜灯火＞
　① 緑色の全周灯1個を掲げ，その垂直線上の下方に白色の全周灯1個を掲げる。
　② 上記の緑色全周灯の後方の高い位置にマスト灯1個を掲げる。
　③ 対水速力を有する場合は，以上の灯火の外，げん灯1対を掲げ，できる限り船尾近くに船尾灯1個を掲げる。
（海上衝突予防法第26条第1項）
＜形象物＞
　2個の同形の円すいをこれらの頂点で垂直線上の上下に結合した形の形象物1個を掲げる。
(2) 運転不自由船，操縦性能制限船。（同法第18条第3項）
(3) 2分を超えない間隔で，長音1回に引き続く短音2回を鳴らす汽笛信号を行う。（同法第35条第4項）

【別解】
(1)を図で示す解答方法。
＜灯火＞
法定灯火のほか，　⊗（緑灯）
　　　　　　　　　○（白灯）

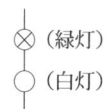

＜形象物＞
　　▼（鼓形）
　　▲

問33 航行中の海底電線の敷設作業に従事している操縦性能制限船（長さ90メートル）に関する次の問いに答えよ。
(1) 昼間は，どのような形象物を掲げなければならないか。
(2) 航行中の漁ろうに従事している船舶と接近して衝突するおそれがあるときは，操縦性能制限船はどのようにしなければならないか。
(3) 夜間，この船舶の対水速力の有無を，他の船舶はどのようにして知るか。

答 (1) 最も見えやすい場所にひし形の形象物1個を掲げ，かつ，その垂直線上の上方及び下方に，それぞれ球形の形象物1個を掲げること。

(海上衝突予防法第27条第4項)
(2) できるだけその針路・速力を保持する。漁ろう船の動静に注意し，避航動作をとっていないようであれば警告（疑問）信号を行う。(同法第18条第3項)
(3) 対水速力を有する場合は，マスト灯2個及びげん灯1対を掲げ，かつ，できる限り船尾近くに船尾灯1個を掲げることとなっているので，その灯火の有無により知る。(同法第27条第2項第2号)

【別解】
(1)を図で示す解答方法。

● (球形)
◆ (ひし形)
● (球形)

問34 昼間，一般動力船が，その船尾から200メートルを超える距離で他の船舶を引いて航行中は，どのような形象物を掲げなければならないか。又，このえい航作業のため進路から離れることが著しく制限されている状態にあるときは，引いている動力船は，更にどのような形象物を掲げなければならないか。

答 最も見えやすい場所に"ひし形"の形象物を1個を掲げる。
　＜えい航作業のため進路から離れることが著しく制限されている状態にあるとき＞
　　操縦性能制限船の形象物：ひし形の形象物を掲げ，かつ，その垂直線上の上方及び下方にそれぞれ球形の形象物1個を掲げる。(海上衝突予防法第24条第1項第5号，第27条第2項第3号)

【別解】
図で示す解答方法。
＜形象物＞

◆ (ひし形)　　更に→　● (球形)
　　　　　　　　　　　◆ (ひし形)
　　　　　　　　　　　● (球形)

(10) 海上衝突予防法 ― 視界制限状態

問35 昼間，視界制限状態にある水域を航行中の船舶が行わなければならない事項を4つあげよ。

答 （次のうち4つ）
① 視覚，聴覚及びその時の状況に適した他のすべての手段により，常時適切な見張りをしなければならない。（海上衝突予防法第5条）
② 視界の状態を考慮して，常時安全な速力で航行しなければならない。（同法第6条）
③ 他の船舶と衝突するおそれがあることを早期に知るための長距離レーダーレンジによる走査，探知した物件のレーダープロッティングその他の系統的な観察を行うことにより，レーダーを適切に用いなければならない。（同法第7条）
④ 機関を直ちに操作することができるようにしておかなければならない。（同法第19条）
⑤ 法定灯火を表示しなければならない。（同法第20条）
⑥ 視界制限状態における音響信号を行わなければならない。（同法第35条）

問36 視界制限状態にある水域において，船舶がその速力を，針路を保つことができる最小限の速力に減じなければならず，又，必要に応じて停止しなければならないのは，どのような場合か。

答 他の船舶が行う第35条の規定による音響信号を自船の正横より前方に聞いた場合，又は，自船の正横より前方にある他の船舶と著しく接近することを避けることができない場合。（ただし，他の船舶と衝突するおそれがないと判断した場合を除く。）（海上衝突予防法19条第6項）

問37 視界制限状態にある水域において航行中の船舶が，他の船舶の存在をレーダーのみにより探知し，当該他の船舶と著しく接近するか又は衝突するおそれがあると判断して，これらの事態を避けるための動作をとる場合，やむを得ない場合を除いて，どのようなときに針路を左に転じてはならないか。

答 ① 他の船舶が自船の正横より前方にある場合（他の船舶が自船に追い越される船である場合を除く）。
② 自船の左正横又は左正横より後方に他の船舶がある場合。
（海上衝突予防法第19条第5項第1号，第2号）
【解説】
②は他船が左正横又は左正横より後方にある場合に左転禁止であることに注意すること。（右正横又は右正横より後方に他の船舶がある場合，左転は許される。）

問38 視界制限状態にある水域を航行中の動力船が自船の正横付近で動静の確認できない他船の音響信号を聞いて，とった次の処置のうち適当でないものはどれか。
(1) 舵が効く最小の速力におとした。
(2) 正横付近なので速力をあげ速やかに他船から離れた。
(3) 衝突の危険がなくなるまで十分に注意して航行した。
(4) 他船の位置を確かめるために停止した。

答 (2)
【解説】
(1), (3), (4)とも第19条第6項に規定されている。

(11) 海上衝突予防法 ― 音響信号及び発光信号

問39 「注意喚起信号」は，どのような方法で行うことができるか。

[答] ① 海上衝突予防法に規定されている信号と誤認されることのない発光信号又は音響による信号を行うことができる。
② 他の船舶を眩惑させない方法により危険が存在する方向に探照灯を照射することができる。
③ ①の発光信号，②の探照灯による照射は，航路標識の灯火と誤認されないものでなければならない。
又，ストロボ等による点滅し，又は回転する強力な灯火を使用してはならない。
（海上衝突予防法第36条）

【解説】
「注意喚起信号」は，他の船舶の注意を喚起する必要があると認める場合に行う信号で，一般的には汽笛で長長音（10秒以上）吹鳴することにより他船に注意喚起をする等の方法が用いられる。

問40 次の(1)～(3)の音響信号を行っているのは，それぞれどのような船舶か。
(1) 視界良好な水域における長音1回の汽笛信号
(2) 汽笛による連続音響による信号
(3) 視界制限状態において，2分を超えない間隔で長音1回を鳴らす信号

[答] (1) 障害物があるため他の船舶を見ることができない狭い水道等のわん曲部その他の水域に接近している船舶。又，その信号に応答する同様の船舶。（海上衝突予防法第34条第6項）
(2) 遭難して救助を求めている船舶（同法施行規則第22条第1項第2号）
(3) 航行中の（一般）動力船で対水速力がある船舶。（同法第35条第2項）

問41 視界制限状態において，次の汽笛信号を行わなければならないのは，それぞれどのような船舶か。
(1) 2分を超えない間隔で，長音1回を鳴らす信号
(2) 2分を超えない間隔で，長音1回に引き続く短音2回を鳴らす信号

答 (1) 航行中の動力船で対水速力を有する場合。(海上衝突予防法第35条第2項)
(2) ① <u>航行中の帆船</u>，漁ろうに従事している船舶，運転不自由船，操縦性能制限船，喫水制限船，他の船舶を引き及び押している動力船。
② <u>びょう泊中の漁ろうに従事している船舶及び操縦性能制限船</u>。
(第35条第4項，第8項)

【解説】
(2)の信号は，<u>航行中の船舶</u>①と<u>びょう泊中の船舶</u>②ともに同じ信号であることに注意しなければならない。

問42 海上衝突予防法に規定する灯火を，日出から日没までの間においても表示しなければならないのは，又，表示することができるのは，どのような場合か。

答 ① 規定の灯火を備えている船舶は，視界制限状態においては，日出から日没までの間にあってもこれを表示しなければならない。
② その他必要と認められる場合は，これを表示することができる。
(例)・日中であるが，霧が付近に発生している場合。
・前方にスコールがあってこれに向かって航行している場合。
・日没前だが周囲が薄暗くなっている場合。
(海上衝突予防法第20条第2項)

問43 次の(1)～(3)の音響信号を行っているのは，それぞれどのような船舶か。
(1) 汽笛による連続音響信号
(2) 長音1回，短音1回，長音1回及び短音1回の汽笛信号
(3) 前部において，1分を超えない間隔で急速に号鐘を約5秒間鳴らすとともにその直前及び直後に号鐘をそれぞれ明確に3回点打し，かつ，その後部において，その号鐘の最後の点打の直後に急速にどらを約5秒間鳴らす信号

答 (1) 遭難して救助を求めている船舶。(海上衝突予防法施行規則第22

条第1項第2号)
(2) 狭い水道等において，追越し船が行った追越し信号に同意している<u>追い越される船舶</u>。(同法第34条第4項第3号)
(3) 視界制限状態において，乗り揚げている長さ100メートル以上の船舶。(同法第35条第9項)

問44 どのような条件がそろったときに，動力船は汽笛による操船信号を行わなければならないか。

答 ① 航行中の動力船であること。
② 互いに他の船舶の視野の内にあること。
③ この法律の規定によりその針路を転じ，又，その機関を後進にかけているときであること。
(海上衝突予防法第34条第1項)

【解説】
①，②，③の条件が必要であるが，②の「<u>互いに他の船舶の視野の内</u>」という条件を解答することを忘れないこと。

問45 船舶は，次の(1)及び(2)の場合には，それぞれどのような汽笛信号を行わなければならないか。
(1) 互いに他の船舶の視野の内にある船舶が互いに接近する場合において，他の船舶の意図又は動作を理解することができないとき。
(2) 航行中の動力船が，視界制限状態において，対水速力があるとき。

答 (1) 直ちに急速に短音5回以上 (海上衝突予防法第34条第5項)
(2) 2分を越えない間隔で長音1回 (同法第35条第2項)

(12) 海上衝突予防法 ― 遭難信号

問 46 次の(1)及び(2)を用いて行う遭難信号の方法をそれぞれ述べよ。
(1) 腕
(2) 無線電信

答 (1) 左右に伸ばした腕を繰り返してゆっくりと上下させることによる信号。(海上衝突予防法第 37 条,同法施行規則則第 22 条第 1 項第 11 号)
(2) モールス符号の SOS の信号と警急信号。(同法第 37 条,同法施行規則第 22 条第 1 項第 12 号)

問 47 次の(1)及び(2)を用いて行う遭難信号の方法をそれぞれ述べよ。
(1) 霧中信号器
(2) 国際信号旗

答 (1) 霧中信号器(汽笛,号鐘及びどら)により連続音響による信号を行う。
(2) 縦に上から国際信号旗の N 旗及び C 旗を掲げる。
(海上衝突予防法施行規則第 22 条第 1 項第 2 号,第 6 号)

(13) 海上交通安全法 ― 定義

問 48 海上交通安全法及び同法施行規則によれば,「漁ろう船等」とは,漁ろうに従事している船舶のほか,どのような船舶をいうか。

答 許可を受けた工事作業船(海上交通安全法第 2 条第 2 項第 3 号ロ)
【解説】
工事又は作業を行っているため接近してくる他の船舶の進路を避けることが容易でない国土交通省令で定める船舶で,国土交通省令で定めるところにより灯火又は標識を表示しているもの。(海上交通安全法施行規則第 2 条で定める船舶)

＜工事船の灯火・形象物＞
(灯火)　　　　　　　　（形象物）
⊗　全周灯（緑）　　　◇　ひし形（白）
⊗　全周灯（緑）　　　◎　球形（紅）
　　　　　　　　　　　◎　球形（紅）

問49　海上交通安全法の次の用語の意義は，それぞれどのように定められているか。
(1)　巨大船
(2)　漁ろう船等

答　(1)　長さ200メートル以上の船舶。
　　(2)　ⓐ　漁労に従事している船舶
　　　　 ⓑ　工事又は作業を行っているため接近してくる他の船舶を避けることが容易でない運輸省令で定める船舶で所定の灯火又は標識を表示しているもの。
（海上交通安全法第2条）
【解説】
　　(2)　ⓑ　単に許可を受けた工事作業船と答えてもよい。（問48参照）

⒁　海上交通安全法 ― 交通方法

問50　海上交通安全法に定められた瀬戸内海の航路名を西から順番に記せ。

答　来島海峡航路→備讃瀬戸南航路→備讃瀬戸北航路→水島航路→備讃瀬戸東航路→宇高西航路→宇高東航路→明石海峡航路（海上交通安全法第2条第1項，同法施行令第3条別表第2）

問 51 海上交通安全法に関する次の問いに答えよ。
(1) 瀬戸内海の航路名を東から順番に記せ。
(2) (1)の航路のうちどの航路とどの航路が交差しているか。

答 (1) 明石海峡航路→備讃瀬戸東航路→宇高東航路→宇高西航路→備讃瀬戸北航路→備讃瀬戸南航路→水島航路→来島海峡航路
(2) ・備讃瀬戸東航路と宇高東航路
 ・備讃瀬戸東航路と宇高西航路
 ・備讃瀬戸北航路と水島航路
(海上交通安全法施行令第3条別表第2)
(注):西からと東からとでは,順番に違いがでる。(問50参照)

問 52 「行先の表示」について:
(ア) 行先の表示を義務づけられているのは,どのような船舶か。又,どのような場合に行わなければならないか。
(イ) 昼間における行先表示の信号としては,国際信号旗の「第1代表旗の下にP旗」のほか,どのような種類があるか。2つあげよ。

答 (ア) 汽笛を備えている総トン数100トン以上の船舶。
 この船舶が,航路外から航路に入り,航路から航路外に出,又は航路を横断しようとする場合。
(イ) (次のうち2つ)
 第1代表旗の下にS旗又はC旗
 第2代表旗の下にS旗又はP旗
(海上交通安全法第7条,同法施行規則第6条)
【解説】
 S旗:Starboard,右転
 P旗:Port,左転
 C旗:Crossing,横断
の意である。
(注):第2代表旗の下にC旗はない。(第2代表旗の意味は,航路の出入口を出て右,左転に限られている。)

問53　海上交通安全法の適用海域において，航路を横断する船舶は，どのような方法で横断しなければならないか。
又，この横断の方法が適用されないのは，どのような場合か。

答　＜航路の横断の方法＞
航路を横断する船舶は，当該航路に対してできる限り直角に近い角度で，すみやかに横断しなければならない。
＜適用されない場合＞
航路をこれに沿って航行している船舶が当該航路と交差する航路を横断することとなる場合。
（海上交通安全法第8条第1項，第2項）

【解説】
第8条第1項が適用されない理由：航路と航路が交差している箇所は
・備讃瀬戸東航路と宇高東航路
・備讃瀬戸東航路と宇高西航路
・備讃瀬戸北航路と水島航路

以上3箇所が存するが，これらは必ずしも直角に交差しているわけではないので，直角に横断できないこともあり得る。又，備讃瀬戸東航路，水島航路は速力制限区間がある上，船舶交通が多く，複雑に交差しているので他の航路をすみやか（速力→大）に航行するのはかえって危険であるから。

問54　海上交通安全法に定める備讃瀬戸東航路及びその付近の航法等に関する次の問いに答えよ。
(1)　この航路に沿って航行するときは，どのように航行しなければならないか。
(2)　この航路と交差している他の航路の名称とその航路に沿う航行方法を記せ。
(3)　この航路に沿って航行している船舶が，(2)の航路を横断するとき（両航路の交差部を通過するとき）は，どのような速力で航行しなければならないか。

【答】 (1) 航路の中央から右の部分を航行しなければならない。（海上交通安全法第16条第1項）
(2) 宇高東航路：北の方向に航行しなければならない。
宇高西航路：南の方向に航行しなければならない。（同法第16条第2項，第3項）
(3) 安全な速力で航行しなければならない。（同法第8条第2項）

【解説】
(3)について：第8条第1項には，航路を横断するときは，その航路に対してできる限り直角に近い角度で，すみやかに横断することが義務づけられているが，同条第2項で，航路と航路が交差している航路を横断する場合は，上記第1項を適用しないと規定されていることに注意すること。したがって，安全な速力で航行すること。

問55 漁ろうに従事しながら航路外から航路に入ろうとしている船舶が，航路をこれに沿って航行している巨大船と衝突するおそれがあるときは，どちらの船舶が避航しなければならないか。

【答】 漁ろうに従事している船舶。（海上交通安全法第3条第2項）

【解説】
巨大船は，一般に喫水が深く，操縦性も他船に比べ悪い。
更に航路は水域が狭くて船舶交通が激しい箇所で，巨大船が避航動作を十分とることが困難であるので，漁ろう船側に避航義務を課している。

問56 海上交通安全法の航路における一般的航法によると，漁ろう船等が航路をこれに沿って航行している巨大船と衝突するおそれがあって，その巨大船の進路を避けなければならないのは，「航路で停留している場合」のほか，航路に対してどのように航行している場合か。

【答】 ① 航路外から航路に入ろうとしている場合。
② 航路から航路外に出ようとしている場合。
③ 航路を横断しようとしている場合。
④ 航路をこれに沿わないで航行している場合。
（海上交通安全法第3条第2項）

問 57　海上交通安全法適用海域において，右図に示すように，航路をこれに沿って航行している船舶A（巨大船）と航路外から航路に入ろうとする船舶B（漁ろう船等）について：
(ア)　Bが，作業を行っているため接近してくる他の船舶の進路を避けることが容易でない国土交通省令に定める船舶である場合，Bはどのような標識を表示しなければならないか。
(イ)　互いに接近し衝突するおそれがある場合，Aはどのような航法をとらなければならないか。

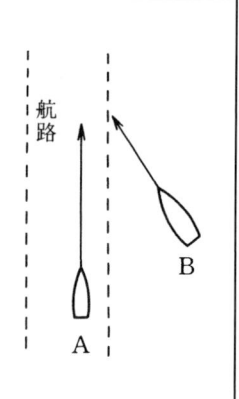

答　(ア)　最も見えやすい場所に，上の1個が白色のひし形，下の2個が紅色の球形の3個の形象物を垂直線上に連掲する。（海上交通安全法施行規則第2条第2項）
　　(イ)　① Bの動静に注意しながら，針路・速力を保持して航行する。
　　　　② Bが衝突を避けるための動作をとっているかどうか疑わしいときは，直ちに急速に短音5回以上の警告信号を行う。
　　　　③ それでもBが適切な避航動作をとらない場合には，Aは直ちに衝突を避けるための動作をとる。
　　（海上交通安全法第3条第2項，海上衝突予防法第17条）

【別解】
(ア)を図で示す解答方法。
　（標識）　　　　　　　　（参考：夜間の灯火）
　　◇ ひし形(白)　　　　　⊗ 全周灯(緑)
　　⦵ 球形(紅)　　　　　　⊗ 全周灯(緑)
　　⦵ 球形(紅)

問 58　海上交通安全法によれば，船舶は，航路においては原則としてびょう泊をしてはならないが，どのような事由があるときに限り，例外的に認められるか。（緊急用務を行う船舶等に関する航法の特例の場合は除く。）

答 海難を避けるため又は人命若しくは他の船舶を救助するためやむを得ない事由があるとき。(海上交通安全法第 10 条)

問 59 海上交通安全法及び同法施行規則に関する次の問いに答えよ。
(1) 東京湾にある航路の名称をあげよ。
(2) 航路をこれに沿って航行する船舶が，航路の全区間又は航路の一部の区間において，法第 5 条（速力の制限）の規定を守らなければならない航路を，それぞれ 2 つずつあげよ。
(3) 下の枠内に示す法第 20 条（来島海峡航路）第 1 項第 5 号の規定について：
　(ア) 　　　　内に適合する字句を記せ。
　(イ) 下線部分の「国土交通省令で定める速力」とはどのような速力か。

> 第 20 条第 1 項第 5 号　　　　の場合は，<u>国土交通省令で定める速力</u>以上の速力で航行すること。

答 (1)　① 浦賀水道航路
　　　　　② 中ノ瀬航路
　　(2)　（次のうちそれぞれ 2 つ）
　　　　＜全区間＞
　　　　浦賀水道航路，中ノ瀬航路，伊良湖水道航路，水島航路
　　　　＜一部の区間＞
　　　　備讃瀬戸東航路，備讃瀬戸北航路，備讃瀬戸南航路
　　　（海上交通安全法第 5 条，同法施行規則第 4 条）
　　(3)　(ア) 逆潮
　　　　　(イ) 潮流の速度に <u>4 ノット</u> を加えた速力
　　　（海上交通安全法第 20 条第 1 項第 5 号，同法施行規則第 9 条）

問60 海上交通安全法に関する次の問いに答えよ。

(1) 緊急用務を行う船舶を除き，速力の制限が定められている航路を制限速力以上で航行することは，どのような場合に限り認められるか。

(2) 船舶は，次の(ア)〜(カ)の各航路（水道を含む。）をこれに沿って航行するときは，どのように航行しなければならないか。あてはまるものを，右の枠内から選び，それぞれ記号と番号で答えよ。
（解答例：(キ)―⑨）

① 航路の中央から右の部分を航行する。
② できる限り，航路の中央から右の部分を航行する。
③ 潮流が順潮の場合に航行する。
④ 潮流が逆潮の場合に航行する。
⑤ 東の方向に航行する。
⑥ 西の方向に航行する。
⑦ 南の方向に航行する。
⑧ 北の方向に航行する。

(ア) 浦賀水道航路　　(イ) 伊良湖水道航路　　(ウ) 備讃瀬戸南航路
(エ) 宇高西航路　　(オ) 来島海峡中水道　　(カ) 中ノ瀬航路

答 (1) ① 海難を避ける場合
　　　② 人命若しくは他の船舶を救助するためやむを得ない事由がある場合

(2) (ア)―①　(イ)―②　(ウ)―⑤
　　(エ)―⑦　(オ)―③　(カ)―⑧

（海上交通安全法第5条，第11条，第13条，第16条，第18条，第20条）

問61 航路をこれに沿って航行する船舶が，航路の全区間及び航路の一部の区間において，法第5条（速力の制限）の規定を守らなければならない航路を，それぞれ2つずつあげよ。

答 ＜全区間＞（次のうち2つ）
　　① 浦賀水道航路
　　② 中ノ瀬航路
　　③ 伊良湖水道航路
　　④ 水島航路

＜一部区間＞（次のうち2つ）
　　　　① 備讃瀬戸東航路
　　　　② 備讃瀬戸北航路
　　　　③ 備讃瀬戸南航路
　（海上交通安全法第5条，同法施行規則第4条）

問62 海上交通安全法の適用海域において，次の(ア)～(ウ)の航路を船舶がこれに沿って航行する場合は，どのような速力でどのように航行しなければならないか。また，これらの航路のうち，航路を横断する航行が制限されている区間のある航路はどれか。航路名を記せ。
　(ア) 備讃瀬戸東航路
　(イ) 宇高西航路
　(ウ) 水島航路

答 ＜速力の制限＞
　(ア) 12ノットを超えない速力で，航路の中央から右の部分を航行しなければならない。
　(イ) 南の方向へ航行しなければならない。速力に制限はなく，通常の速力でよい。
　(ウ) 12ノットを超えない速力で，できる限り航路の右側を航行しなければならない。
＜航路を横断する航行が制限されている区間のある航路＞
　(ア) 備讃瀬戸東航路
（海上交通安全法第5条，第6条，同法施行規則第7条）

問63 海上交通安全法及び同法施行規則に関する次の問いに答えよ。
(1) 航路をこれに沿って航行するときその航路の中央から右の部分を航行しなければならない航路名を2つあげよ。
(2) 航路をこれに沿って航行するとき，できる限り，その航路の中央から右の部分を航行しなければならない航路名を2つあげよ。
(3) 備讃瀬戸東航路において，航路の横断が禁止されているのはどの付近か。

[答] (1) （次のうち2つ）
① 浦賀水道航路
② 明石海峡航路
③ 備讃瀬戸東航路
（海上交通安全法第11条第1項，第15条，第16条第1項）
(2) ① 伊良湖水道航路
② 水島航路
（同法第13条，第18条第3項）
(3) 宇高東・西航路との交差部付近の区間（それぞれ外方に1000m，内方に500m）（同法第9条，同法施行規則第7条）

[問]64 宇高東航路又は宇高西航路をこれに沿って航行している船舶と備讃瀬戸東航路をこれに沿って航行している巨大船とが衝突するおそれがあるときは，どちらの船舶が避航しなければならないか。

[答] 巨大船以外の船舶が巨大船を避けなければならない。（海上交通安全法第17条第1項）

【解説】
　海上交通安全法は，宇高東航路又は宇高西航路の避航船と備讃瀬戸東航路航行船との避航関係は原則として海上衝突予防法によることとしている。しかし，巨大船については，このように例外的に規定されている。

問65 下図は，瀬戸内海にある海上交通安全法に規定された航路の一部とその付近を航行中の船舶を示す略図である。次の問いに答えよ。ただし，- - - - - は航路の中央，→は航行方向を示す。

(1) ア〜ウの航路の名称を，それぞれ示せ。
(2) 航路ごとの航法に違反して航行している船舶はA〜Fのうちどれか。
(3) 動力船B（長さ160メートル）と動力船C（長さ70メートル）とが$\times_1$付近で衝突するおそれがあるとき，避航船となるのはどちらか。
(4) 動力船E（長さ230メートル）と動力船F（長さ60メートル）とが$\times_2$付近で衝突するおそれがあるとき，避航船となるのはどちらか。

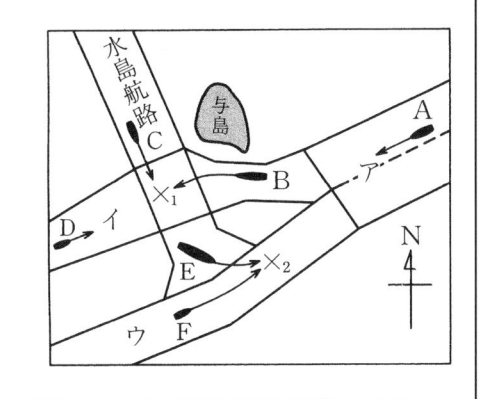

答 (1) ア 備讃瀬戸東航路
　　　　イ 備讃瀬戸北航路
　　　　ウ 備讃瀬戸南航路
　　　（海上交通安全法施行令第3条別表二）
　(2) 動力船D
　(3) 動力船C
　(4) 動力船F（Eは巨大船）
　　　（海上交通安全法第18条第1項，第19条第1項，第4項）

> **問66** 航法に関して述べた次の(A)と(B)の文について，それぞれの正誤を判断し，下のうちからあてはまるものを選べ。
> (A) 宇高東航路をこれに沿って航行している船舶と，備讃瀬戸東航路をこれに沿って東の方向へ航行している巨大船とが衝突するおそれがあるときは，巨大船が避航船となる。
> (B) 来島海峡航路をこれに沿って航行するとき，順潮の場合は，中水道をできる限り四国側に近寄って航行しなければならない。
> (ア) (A)は正しく，(B)は誤っている。
> (イ) (A)は誤っていて，(B)は正しい。
> (ウ) (A)も(B)も正しい。
> (エ) (A)も(B)も誤っている。

答 (エ) ((A)も(B)も誤っている。)

【解説】
(A) 海上交通安全法第17条第1項関連：
避航船……（一般）船舶
(B) 同法第20条第1項第2号関連：
中水道をできる限り大島及び大下島側に近寄って航行しなければならない。

問67 次図は，来島海峡の略図である。次の問いに答えよ。

(1) (ア)，(イ)は，それぞれ何という潮流信号所か。（図中の○印が潮流信号所の位置）

(2) ①のように航行しなければならないのは，潮流がどのように流れている場合か。

(3) ①のように航行する船舶は，航路の東側出口付近では，航法上，特にどのような注意が必要か。

(4) ②のように航行する船舶は，どのような汽笛信号を行わなければならないか。

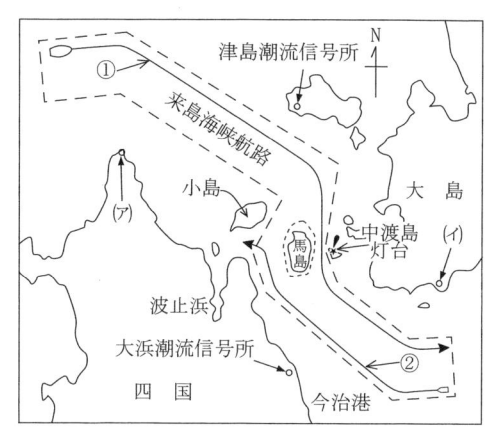

答 (1) (ア) 来島大角鼻(おおすみはな)潮流信号所
　　　 (イ) 来島長瀬ノ鼻潮流信号所

(2) 南流の場合

(3) 南流の場合に東航する船舶は，航路内では西水道航行船と右げん対右げんで航行するが，航路の出入口の外側では一般に左げん対左げんで航行することになるので，航路の東側出入口付近では，航路に入ろうとする船舶とは進路が交差することとなるので特に注意が必要である。

(4) 長音3回の汽笛信号

（海上交通安全法第20条，第21条）

問68 来島海峡航路の全区間を中水道を経由して航行する船舶の航法について：
(ア) どこに近寄って航行しなければならないか。
(イ) この水道を航行しなければならないのは，潮流の方向がどのようなときか。

答 (ア) できる限り大島及び大下島に近寄って航行しなければならない。
(イ) 順潮の場合。
（海上交通安全法第20条第1項第1号，第2号）

(15) 海上交通安全法 ─ 灯火等

問69 海上交通安全法により，昼間，海上交通安全法の適用海域において航行し，停留し，又はびょう泊している長さ250メートルの危険物積載船は，海上衝突予防法で規定している形象物のほかに，どのような標識を表示しなければならないか。

答 黒色円筒形形象物2個を連掲した標識及び第1代表旗の下にB旗を連ねた標識をそれぞれ表示しなければならない。（海上交通安全法第27条，同法施行規則第22条）

【別解】
（図で示す解答方法）

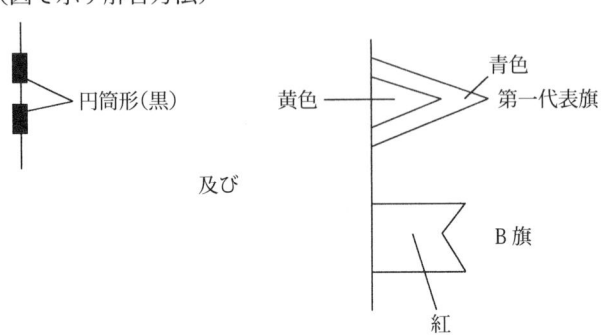

円筒形(黒)

及び

青色
黄色
第一代表旗
B旗
紅

問70 海上交通安全法では，巨大船は，どのような灯火又は標識を表示しなければならないか。

答 灯火：少なくとも2海里の視認距離を有し，一定の間隔で毎分180回以上200回以下のせん光を発する<u>緑色</u>の全周灯1個。
標識：黒色円筒形の形象物2個を垂直線上に連掲したもの。
（海上交通安全法第27条，同法施行規則第22条）

【解説】
別解として図で示してもよい。

【参考】
危険物積載船の灯火，標識
灯火：少なくとも2海里の視認距離を有し，一定の間隔で毎分120回以上140回以下のせん光を発する<u>紅色</u>の全周灯1個。
標識：縦に上から国際信号旗の第1代表旗，B旗

問71 海上交通安全法及び同法施行規則に関する次の問いに答えよ。
(1) 浦賀水道航路及び明石海峡航路について：
　(ア) 両航路に共通する通航方法を述べよ。
　(イ) 両航路の他に(ア)と同様の通航方法が定められている航路をあげよ。
　(ウ) 速力の制限区間が定められているのはどちらの航路か。また，その制限速力は何ノットか。
　(エ) (ウ)の速力の制限によらないことができるのは，どのような事由があるときか。
(2) 本法の適用海域において，右図(A)及び(B)の標識を掲げているのは，それぞれどのような船舶か。

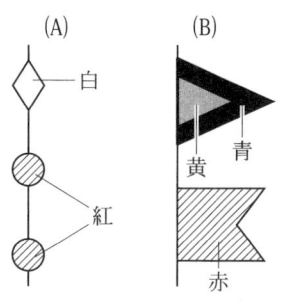

答 (1) (ア) 航路をこれに沿って航行するときは，同航路の中央から右の部分を航行しなければならない。

(イ)　備讃瀬戸東航路
　　　(ウ)　浦賀水道航路
　　　　　制限速力：12ノット
　　　(エ)　海難を避けるため又は人命若しくは他の船舶の救助をするためやむを得ない事由があるとき。
　　　(海上交通安全法第5条，同法施行規則第4条)
　(2)　(A)　工事又は作業を行っている船舶
　　　(B)　危険物積載船
　　　(海上交通安全法施行規則第2条第2項，第22条)

(16) 港則法 ─ 入出港及び停泊

問72　特定港に入港したとき，港長に「入港届」を提出しなくてよいのは，どのような船舶か。

答　① 総トン数20トン未満の船舶
　② 端舟その他ろかいのみをもって運転し，又は主としてろかいをもって運転する船舶。
　③ 平水区域を航行区域とする船舶。
　④ あらかじめ港長の許可を受けた船舶。
　その他：旅客定期航路事業に使用される船舶であって，海上運送法第3条第2項に規定する事業計画のうち航路，当該船舶の明細，運航回数及び発着時刻並びに運航の時季に関する部分を記載した書面並びに港長の指示する入港実績報告書を港長に提出しているもの。
(港則法第4条，同法施行規則第2条，第21条)
【解説】
　その他：国内の旅客船，フェリーボートがそれに相当する。

問73　港則法によれば，船舶は，港内においては，どのような場所にみだりにびょう泊又は停留してはならないか。

答 ① ふとう，桟橋，岸壁，けい船浮標及びドックの付近
② 河川，運河その他狭い水路及び船だまりの入口付近
（港則法第11条，同法施行規則第6条）

問74 次の(1)～(5)は，それぞれ港則法の規定であるが，□内に適合する語句を，記号とともに記せ。
(1) この法律は，港内における船舶交通の安全及び港内の □(ア) を図ることを目的とする。
(2) 船舶は，港内及び港の境界附近においては，他の船舶に □(イ) を及ぼさないような速力で航行しなければならない。
(3) 汽船が防波堤の入口又は入口附近で他の船舶と出会う虞があるときは，入港する汽船は，□(ウ) で出港する汽船の進路を避けなければならない。
(4) 船舶は，特定港において危険物の積込，積替又は □(エ) をするには，港長の許可を受けなければならない。
(5) 船舶交通の妨げとなる虞のある港内の場所においては，みだりに □(オ) をしてはならない。

答 (1) (ア)：整とん（港則法第1条）
(2) (イ)：危険（同法第16条）
(3) (ウ)：防波堤の外（同法第15条）
(4) (エ)：荷卸（同法第23条第1項）
(5) (オ)：漁ろう（同法第35条）

(17) 港則法 ─ 航路及び航法

問75 港則法によれば，船舶が，港内において，防波堤，ふとうその他の工作物の突端又は停泊船舶の付近を航行するときは，どのように航行しなければならないか。

答 それを右げんに見て航行するときはできるだけこれに近寄り，左げんに見て，航行するときはできるだけこれに遠ざかって航行しなければならな

い。
(港則法第17条)
【解説】
　　いわゆる「右小回り・左大回り」の航法である。

> **問76**　港則法によれば，航路内において投びょうすることが例外的に認められるのは，どのような場合か。

答　① 海難を避けようとする場合。
　　② 運転の自由を失った場合。
　　③ 人命又は急迫した危険のある船舶の救助に従事する場合。
　　④ 第31条の規定による港長の許可を受けて工事又は作業に従事する場合。
(港則法第13条)

> **問77**　港則法によれば，命令の定める船舶交通が著しく混雑する特定港においては，小型船は，他の小型船と出会う場合を除き，どのような船舶の針路を避けなければならないか。又，どのような船舶に対してその針路・速力を保持しなければならないか。

答　＜針路を避けなければならない船舶＞
　　　汽艇等以外の船舶
　　　＜自船の針路・速力を保持しなければならない船舶＞
　　　汽艇等に対して
(港則法第18条第2項)
【解説】
　　小型船の避航義務が適用される「命令の定める船舶交通が著しく混雑する特定港」とは，
　① 千葉港
　② 京浜港
　③ 名古屋港
　④ 四日市港（一部）
　⑤ 阪神港（一部）

⑥　関門港（一部）

以上 6 港をいう。

（港則法施行規則第 8 条の 3）

（注）：汽艇等を除く総トン数 500 トン以下（関門港は総トン数 300 トン以下）の船舶を小型船という。

問 78　港則法施行規則による命令の定める船舶交通が著しく混雑する特定港の名称を 3 つあげよ。

答　（次のうち 3 つ）
　　①　千葉港
　　②　京浜港
　　③　名古屋港
　　④　四日市港
　　⑤　阪神港
　　⑥　関門港

（港則法第 18 条第 2 項，同法施行規則第 8 条の 3）

問 79　港則法によれば，汽船が港の防波堤の入口又は入口付近で他の汽船と出会うおそれのあるときは，どのようにしなければならないか。

答　入航する汽船は防波堤の外で出航する汽船の進路を避けなければならない。（港則法第 15 条）

【解説】

「汽船」とは，海上衝突予防法による「動力船」と同意である。

問 80　港則法によれば，船舶は，港内及び港の境界付近においては，どのような速力で航行しなければならないか。（帆船については述べなくてよい。）

答　他の船舶に危険を及ぼさないような速力で航行しなければならない。（港則法第 16 条第 1 項）

問81 港則法によれば、特定港に出入するのに航路によらなければならないのは、どのような船舶か。又、航路を航行している船舶が航路内で他の船舶と行き会うときは、どのようにしなければならないか。

答 ＜航路によらなければならない船舶＞
　　汽艇等以外の船舶。
　　＜航路内で行き会うとき＞
　　航路の右側を航行しなければならない。
（港則法第12条、第14条第3項）

問82 港則法第14条の航法においては、「船舶は、航路内において、他の船舶と行き会うときは、右側を航行しなければならない。」と規定されているが、それ以外に、どのような規定があるか。

答 ① 航路外から航路に入り、又は航路から航路外に出ようとする船舶は、航路を航行する他の船舶の進路を避けなければならない。
② 船舶は、航路内においては、並列して航行してはならない。
③ 船舶は、航路内においては、他の船舶を追い越してはならない。
（港則法第14条）

問83 港則法によれば，次図は，命令の定める船舶交通が著しく混雑する特定港において，出港するA，B2隻の一般動力船がそのまま進行すると，防波堤の入口付近で衝突するおそれがある場合を示す。動力船が次の(ア)と(イ)の場合，避航船となるのはどちらか，理由とともに答えよ。

(ア) A，B両船とも総トン数が500トンを超える場合

(イ) A船が総トン数2000トンで，B船が総トン数250トンの場合

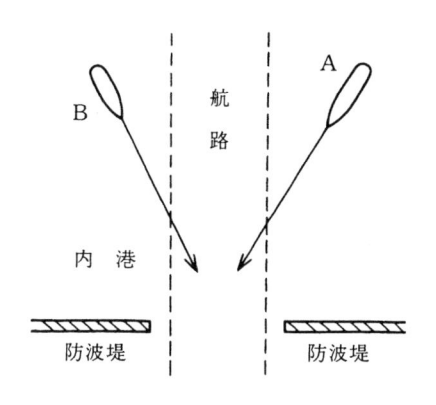

答 (ア) 一般動力船Aが避航船となる。

 ＜理由＞ A，B両船とも総トン数が500トンを超える船舶であるから，命令の定める船舶交通が著しく混雑する特定港でいう「小型船及び汽艇等」以外の船舶に該当する。

 この場合については，港則法の規定がないから，海上衝突予防法の航法規定が適用され，2隻の動力船が互いに進路を横切る場合であって衝突するおそれがあるので，B船を右げんに見るA動力船に予防法第15条に規定する「横切り船の航法」が適用され，A船が避航船となる。（海上衝突予防法第15条）

(イ) 一般動力船Bが避航船となる。

 ＜理由＞ B船は，総トン数250トンであるので，「命令の定める船舶交通が著しく混雑する特定港」においては，命令の定める小型船に該当する。又，A船は，総トン数2000トンであるから，「小型船及び汽艇等」以外の船舶に該当する。

 港則法の規定により，命令の定める船舶交通が著しく混雑する特定港内においては，小型船は，小型船及び汽艇等以外の船舶の進路を避けなければならない。

 B動力船に港則法第18条第2項に規定する「小型船の航法」が適用される。（港則法第18条第2項）

問84 次図は，港則法に定める特定港内の航路を航行する動力船A丸（総トン数1200トン）とその航路を横切る動力船B丸（総トン数550トン）とが，それぞれ図示のように進行すれば×地点付近で衝突するおそれがある場合を示す。この場合に関する次の問いに答えよ。

(1) 適用される航法規定は何か。
(2) A丸は，どのような処置をとらなければならないか。

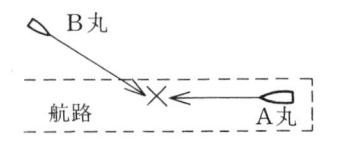

答 (1) 港則法第14条第1項。「航路外から航路に入り，又は航路から航路外に出ようとする船舶は，航路を航行する他の船舶の進路を避けなければならない。」

(2) ① B丸の動静に注意し，針路，速力を保持して航行する。
② B丸が適切な避航動作をとっているかどうか疑わしいときは，急速に短音5回以上の汽笛吹鳴をしてB丸に警告信号を発する。
③ B丸に警告信号を発し，B丸が避航しないことが明らかになったときは，大幅に減速するか機関を停止するなど衝突を避けるための動作をとる。
④ 間近に接近してB丸の避航動作のみでは衝突を避けることができないと認める場合は，衝突を避けるための最善の協力動作をとらなければならない。
⑤ 転舵しているとき，又は機関を後進にかけているときは，汽笛により所定の操船信号を行わなければならない。

問85 港則法に関する次の問いに答えよ。

右図に示すように，特定港の航路を航行中の動力船A（総トン数600トン）と航路に入ろうとする動力船B（総トン数2000トン）とが衝突するおそれがあるとき，A及びBはそれぞれどのような処置をとらなければならないか。

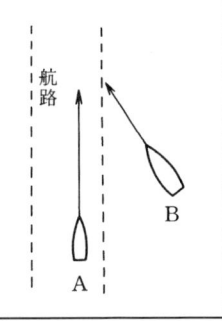

答 ＜Aの処置＞
　① Bの動静に注意しながら針路・速力を保持して進行する。(Bが避航船である。)
　② Bが衝突を避けるために十分な動作をとっているかどうか疑わしいと感じたときは，直ちに短音5回以上の警告信号を行う。
　③ それでもBが適切な避航動作をとっていないことが明らかな場合は，直ちに衝突を避けるための最善の協力動作をとる。
　　　この場合，転舵又は機関の使用時には，所定の操船信号を行う。
＜Bの処置＞
　① 避航船であるので，航路への入航を待つ等，Aの進路を避ける。
　② ①の動作は十分余裕のある時機に大幅に行う。
　③ 転舵又は機関の使用時には，所定の操船信号を行う。
(港則法第14条)

問86 右図に示すように，航路内を航行中の動力船A（総トン数600トン）と航路に入ろうとする動力船B（総トン数2000トン）とが防波堤の入口付近で衝突するおそれがあるとき，A及びBはそれぞれどのような処置をとらなければならないか。

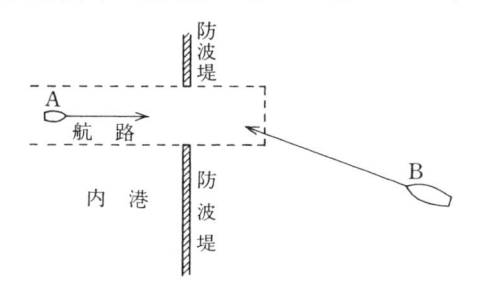

答 ＜Aの処置＞
　① Bの動静に注意しながら，針路・速力を保持して出航する。
　② Bが衝突を避けるために十分な動作をとっているかどうか疑わしいときは，直ちに警告信号を行う。
　③ それでもBが適切な避航動作をとってないことが明かな場合は，直ちに衝突を避ける動作をとる。
　④ Bと間近に接近したため，Bの動作のみでは衝突を避けることができないと認めるときは，最善の協力動作をとる。
　⑤ 転舵し又は機関を後進にかけているときは，所定の操船信号を行う。

＜Ｂの処置＞
① 防波堤の外でＡの進路を避けなければならない。
② 避航動作は十分に余裕のある時機に行う。
③ 針路又は速力の変更は，Ａが容易に認めることができるよう大幅に行う。
④ 船首を防波堤の入口に向けないようにして，Ａに入港の意思のないことを示す。
⑤ 転舵し又は機関を後進にかけるときは，所定の操船信号を行う。
（港則法第15条）

問87 右図に示すように，港則法に定められた特定港を出航する動力船甲（総トン数2000トン）と航路を横断する動力船乙（総トン数550トン）とがそのまま進行すれば×地点で衝突するおそれがあるとき甲及び乙は，それぞれどのような航法をとらなければならないか。

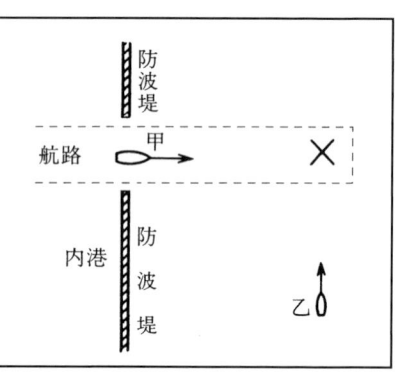

答 甲は，特定港の航路を航行しているのだから，乙の動静に注意しながら，針路速力を保持して航行する。
　乙は，航路外から航路に入ろうとするのだから，減速又は停止して甲の針路を避けなければならない。甲が航過後注意して進行する。
（港則法第14条第1項）

問88 右図に示すように，港則法に定められた特定港を出航する甲動力船（総トン数2000トン）とⒷびょう地に向かう乙動力船（総トン数550トン）及びⒶびょう地に向かう丙汽艇とがそのまま進行すれば×地点で衝突するおそれがあるとき，甲，乙及び丙は，それぞれどのような航法をとらなければならないか。

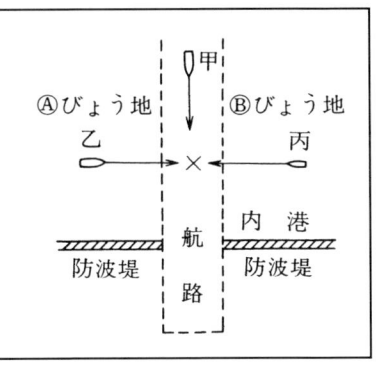

答　＜甲動力船＞
① 乙，丙両船の動静に注意しながら針路及び速力を保持しなければならない。
② 乙動力船，又は，丙汽艇の行動について疑問をもったとき，又は乙，丙の両船が甲を避けるための十分な動作をとっているかどうか疑わしいときは，急速に短音5回以上の汽笛吹鳴による警告信号を行わなければならない。
③ 甲船は，警告信号を繰り返し行って，なお，乙船，丙艇が適切な避航動作をとっていないことが明らかになったときは，大幅に減速するか停止するなど衝突を避けるための動作をとる。
④ 衝突の危険がなくなったら再び進行をはじめる。
（港則法第14条第1項）

＜乙動力船＞
① 減速するか停止して甲船の航過を待つ。
② 甲丸の航過後Ⓑびょう地に向かう。丙汽艇に対しては保持船となる。
③ 丙汽艇が乙船を避航しないときは，乙船は丙に対して警告信号を行う。
④ それでも丙が避航しないときは，乙船は減速，停止あるいは右転するなど衝突を避けるための動作をとらなければならない。
（港則法第14条第1項，第18条第1項）

＜丙汽艇＞
① 減速するか停止して甲船の航過を待つ。
② 丙汽艇は，乙船に対しても避航義務があるので，甲船航過後は，

大きく右転して乙船の進路を避ける。必要があれば，減速，停止などする。

③　右転しているときは，短音1回の操船信号をしなければならない。
（港則法第18条第1項）

【解説】
3船の特殊なケースであるが，要は航路内航行船優先に注意すれば解答できる。

問89　右図は，国土交通省令で定める船舶交通が著しく混雑する特定港の港内において，昼間，出航する動力船A（総トン数2000トン）と，P岸壁に向かう動力船B（総トン数250トン）とが×地点付近で衝突するおそれがある場合を示す。次の問いに答えよ。

(ア)　自船の大きさを示すために国際信号旗を掲げなければならないのは，A及びBのうちどちらの動力船か。また，それはどのような国際信号旗か。図を描いて示せ。

(イ)　Aはどのような航法をとらなければならないか。

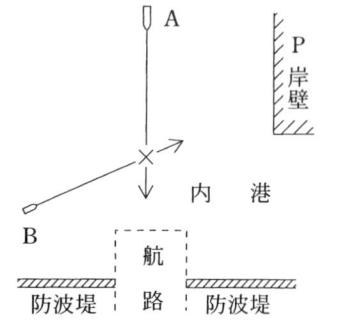

答　(ア)　A船

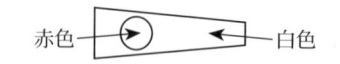

国際信号旗の数字旗1をマストに見えやすいように掲げる。
（港則法第18条，同法施行規則第8条の4）

(イ)　（B船は500トン以下なので，この港では小型船の扱いとなる。）
①　A船は保持船であるので，B船の動静に注意しながら針路・速力を保持して進行する。
②　適切な避航動作をとっているか疑わしいときは，警告信号を行う。
③　それでもB船が接近して危険を感じたときは，衝突回避のための最善の協力動作をとる。
④　転舵又は機関使用時は，予定の操船信号を行う。
（港則法第18条第2項）

【解説】
　設問における港が，命令の定める船舶交通が著しく混雑する港ではなく，一般の特定港ならば，A，B両船とも互いに一般動力船となり，港則法では規定がなく，海上衝突予防法第15条が適用され，A船が避航船となる。

(18) 港則法 ― 危険物

問90　港則法に関する次の問いに答えよ。
(1)　危険物を積載した船舶が，特定港に入港し，危険物の荷役をしようとするときは，どのようなことをしなければならないか。
(2)　港内において，相当の注意をしないで喫煙し，又は火気を取り扱ってはならないのは，何の付近か。

答　(1)　港長の許可を受けなければならない。
　　　　（港則法第23条第1項）
　　(2)　油送船の付近。
　　　　（港則法第37条第1項）

(19) 港則法 ― 水路の保全

問91　港則法によれば，港内における石，れんが等散乱するおそれのあるものの荷役については，どのような事を守らなければならないか。

答　これらの物が水面に脱落するのを防ぐために必要な措置をしなければならない。
（港則法第24条第2項）

(20) 港則法 ― 灯火等

問92　港則法によれば，特定港内に停泊中の船舶に火災が発生したときは，どのような警報を行わなければならないか。

答 長音5回を適当な間隔を置いて繰り返さなければならない。
（港則法第30条）

(21) 港則法 ─ 雑則

問93 港則法では，港内における漁ろうについては，どのようなことを守らなければならないか。

答 船舶交通の妨げとなるおそれのある港内の場所においては，みだりに漁ろうしてはならない。
（港則法第35条）

問94 港則法によれば，次の(ア)と(イ)については，それぞれどのようなことを守らなければならないか。
(ア) 港内又は港の境界付近における灯火の使用
(イ) バラスト，廃油，石炭から，ごみその他これに類する廃物の投棄

答 (ア) ① 何人も，港内又は港の境界付近における船舶交通の妨げとなるおそれのある強力な灯火をみだりに使用してはならない。
② 港長は，特定港内又は特定港の境界付近における船舶交通の妨げとなるおそれのある強力な灯火を使用している者に対し，その灯火の減光又は被覆を命ずることができる。
（港則法第36条）
(イ) 何人も，港内又は港の境界外1万メートル以内の水面においては，みだりに，バラスト，廃油，石炭から，ごみその他これに類する廃物を捨ててはならない。
（港則法第24条第1項）

法規　177

② 船員法及びこれに基づく命令

(1) 船員法

> **問95** 船員法及び同法施行規則に規定されている船長の発航前の検査に関する次の問いに答えよ。
> (1) どのような物品が積み込まれていることについて、検査しなければならないか。
> (2) 航海に支障がないことを判断するため、どのような情報が収集されていなければならないか。

答 (1) 燃料, 食料, 清水, 医療品, 船用品その他航海に必要な物品
　　(2) 気象通報, 水路通報その他航海に必要な情報
（船員法第8条, 同法施行規則第2条の2第4号, 第6号）

> **問96** 船員法の規定する次の文の ☐ 内に適合する字句又は数字を、記号とともに記せ。
> (1) 船長は、船舶が (ア) を出入りするとき、船舶が (イ) を通過するときその他船舶に危険の虞があるときは、甲板にあって自ら船舶を指揮しなければならない。
> (2) 船長は、船内にある者が死亡し、又は (ウ) となったときは、国土交通大臣にその旨を報告しなければならない。
> (3) 船舶所有者は、年齢18年未満の船員を午後 (エ) 時から翌日の午前 (オ) 時までの間において作業に従事させてはならない。

答 (1) (ア)―港　　　　(イ)―狭い水路　　（船員法第10条）
　　(2) (ウ)―行方不明　　　　　　　　　　（船員法第19条）
　　(3) (エ)―八（又は8）　(オ)―五（又は5）（船員法第86条）

問 97 船長が自己の指揮する船舶を去ってはならないのは，いつからいつまでの間か。また，この間に船長が所用で船舶を去る必要があるときは，船長はどのようにしておかなければならないか。

答
- 荷物の船積及び旅客の乗り込みの時から荷物の陸揚及び旅客の上陸の時まで。
- 船舶を去る必要があるときは，やむを得ない場合を除いて，自己に代わって船舶を指揮すべき者にその職務を委任しなければならない。

(船舶法第 11 条)

問 98 予定の航路を変更して航海したとき，入港後，船長は誰に，どのような報告をしなければならないか。

答 遅滞延なく，国土交通大臣に，「航行に関する報告」をしなければならない。
(船員法第 19 条第 5 号及び同法施行規則第 14 条)

問 99 船長は，自動操舵装置の使用に関し，どのような事項を遵守しなければならないか。2つあげよ。

答 (次のうち2つ)
① 自動操舵装置を長時間使用したとき又は危険のある海域等を航行しようとするときは，手動操舵を行うことができるかどうかについて検査すること。
② 危険のある海域等を航行する場合に自動操舵装置を使用するときは，直ちに手動操舵を行うことができるようにしておくとともに，操舵を行う能力を有する者が速やかに操舵を引き継ぐことができるようにしておくこと。
③ 自動操舵から手動操舵への切替え及びその逆の切替えは，船長若しくは甲板部の職員により又はその監督の下に行わせること。

(船員法施行規則第 3 条の 15)

問100 船員法の「航行に関する報告」の規定により，船長が行政官庁に報告しなければならないのは「船舶の衝突，乗揚，沈没，滅失，火災，機関の損傷その他の海難が発生したとき。」のほか，どのような場合か。4つあげよ。

答 （次のうち4つ）
① 人命又は船舶の救助に従事したとき。
② 無線電話によって知ったときを除いて航行中他の船舶の遭難を知ったとき。
③ 船内にある者が死亡し，又は行方不明になったとき。
④ 予定の航路を変更したとき。
⑤ 船舶が抑留され，又は捕獲されたときその他船舶に関し著しい事故があったとき。
（船員法第19条）

問101 船員法に規定する「船舶が衝突した場合における処置」に関する次の問いに答えよ。
(1) 衝突したときは，船長はどのような手段を尽くさなければならないか。
(2) (1)の手段を尽くし，かつ，どのようなことを相手船に告げなければならないか。

答 (1) 互いに人命及び船舶の救助に必要な手段を尽くさなければならない。
(2) 船舶の名称，所有者，船籍港，発航港及び到達港。
（ただし，自己の指揮する船舶に急迫した危険があるときは，この限りでない。）
（船員法第13条）

【解説】
船員法第14条（遭難船舶等の救助）では，救助の対象として人命の救助に必要な手段を尽くさなければならない。

問 102 船員法の規定によると，船長が甲板にあって自ら船舶を指揮しなければならないのは，どのような場合か。

答 ① 船舶が港を出入するとき。
② 船舶が狭い水路を通過するとき。
③ その他船舶に危険のおそれがあるとき。
（船員法第 10 条）

問 103 無線電信又は無線電話の設備を有する船舶の船長は，異常気象等に遭遇したときは，命令の定めるところによりその旨を付近にある船舶及び海上保安機関その他の関係機関に通報しなければならないが，異常気象等とはどのようなことか。例を 4 つあげよ。

答 （次のうち 4 つ）
① 熱帯性暴風雨又はその他のビューフォート風力階級 10 以上（風速毎秒 24.5 メートル以上）の風を伴う暴風雨
② 構造物上にはげしく着氷を生ぜしめる強風
③ 漂流物又は通常の漂流海域外における流氷若しくは氷山
④ 沈没物
⑤ その他船舶の航行に危険を及ぼすおそれのある異常な気象
（船員法第 14 条の 2，同法施行規則第 3 条の 2 第 2 項）

問 104 無線電信又は無線電話の設備を有する船舶の船長は，異常気象等に遭遇したときは，命令の定めるところにより，その旨をどこに通報しなければならならないか。

答 付近にある船舶及び海上保安機関その他の関係機関に通報しなければならない。
（船員法第 14 条の 2）

問 105　他の船舶の遭難を知った船舶の船長は，やむを得ない事由で自船が遭難船の救助に赴くことができないときは，どのようにしなければならないか。

答　やむを得ない事由で救助に赴くことができない旨を付近にある船舶に通報し，かつ，他の船舶が救助に赴いていることが明らかでないときは，遭難船舶の位置その他救助のために必要な事項を海上保安機関又は救難機関に通報しなければならない。
（船員法第14条，同法施行規則第3条第2項）

問 106　非常配置表で定めなければならない信号のうち，非常の場合において旅客を召集するための信号は，どのような信号にしなければならないか。

答　汽笛又はサイレンによる連続した7回以上の短声とこれに続く1回の長音としなければならない。
（船員法施行規則第3条の3第6項）

問 107　非常配置表には，非常の場合における作業について海員の配置を定めなければならないことになっているが，その作業に該当しないものは，次のうちどれか。
　(ア)　排水その他の防水作業
　(イ)　海員の救命胴衣着用の確認
　(ウ)　救命艇等及び救助艇の降下
　(エ)　旅客の召集及び誘導

答　(イ)
【解説】
　　船員法施行規則第3条の3第2項：
　(ア)　第1号
　(ウ)　第3号
　(エ)　第5号
に規定されていていずれも該当する。

問108 船内秩序を維持するため，海員は，「上長の職務上の命令に従うこと。」以外にどのようなことを守らなければならないか。4つあげよ。

答 （次のうち4つ）
① 職務を怠り，又は他の乗組員の職務を妨げないこと。
② 船長の指定する時までに船舶に乗り込むこと。
③ 船長の許可なく船舶を去らないこと。
④ 船長の許可なく端艇その他の重要な属具を使用しないこと。
⑤ 船内の食料又は淡水を濫費しないこと。
⑥ 船長の許可なく電気若しくは火気を使用し，又は禁止された場所で喫煙しないこと。
⑦ 船長の許可なく日用品以外の物品を船内に持ち込み，又は船内から持ち出さないこと。
⑧ 船内において争闘，乱酔その他の粗暴の行為をしないこと。
⑨ その他船内の秩序を乱すようなことをしないこと。
（船員法第21条）

【解説】
④ 属具とは，船舶に備え付けられている備品（双眼鏡，気圧計，六分儀等）をいう。
⑤ 淡水とは，飲用水及び雑用に使用する塩分を含まない<u>清水</u>をいう。

問109 船員手帳に関する次の問いに答えよ。
(1) 乗船中の海員の船員手帳は，だれが保管しなければならないか。
(2) 船員手帳の書換えを申請しなければならないのは，どのようなときか。
(3) 船員手帳の有効期間は，何年間か。

答 (1) 船長
（船員法50条第2項）
(2) ① 船員手帳に余白がなくなったとき。
② 船員手帳の有効期間が経過したとき。
（同法施行規則第34条第1項）
(3) 船員手帳の交付，再交付又は書換えを受けたときから<u>10年間</u>（た

だし，航海中にその期間が経過したときは，その航海が終了するまで。
（同法施行規則第35条第1項）

(2) 船員労働安全衛生規則

問110 船員労働安全衛生規則に規定する安全担当者について述べた次の文のうち，誤っているものはどれか。
(1) 安全担当者は，必要なとき，自分で補助者を指名することができる。
(2) 安全担当者は，作業設備の改善意見を，船長を経由して船舶所有者に申し出ることができる。
(3) 安全担当者は，船長が船舶所有者の意見を聞いて，海員の中から選任する。
(4) 安全担当者は，作業の安全に関する教育及び訓練を行う。

答 (3)
【解説】
(1) 船員労働安全衛生規則第10条
(2) 同規則第6条第1項
(4) 同規則第5条第5号
に規定されていて，いずれも正しい。
(3) 同規則第2条関連：船長が船舶所有者の → 船舶所有者が船長の…

問111 安全担当者は，次の(1)及び(2)については，それぞれどのような業務を行うか。
(1) 作業設備及び作業用具
(2) 発生した災害

答 (1) 点検及び整備に関すること。
(2) 原因の調査に関すること。
（船員労働安全衛生規則第5条第1号，第4号）

問112　安全担当者は，船舶所有者に対して，どのようなことに関する改善意見を申し出ることができるか。又，この申出は，だれを経由して行う必要があるか。

答　作業設備，作業方法等について安全管理に関する改善意見を申し出ることができる。
＜経由しなければならない人＞　船長を経由すること。
（船員労働安全衛生規則第6条）

問113　船員労働安全衛生規則に定められている安全担当者の業務として，誤っているものは，つぎのうちどれか。
(1)　消火器具及び保護具の点検及び整備
(2)　作業設備及び作業用具の点検及び整備
(3)　救命艇及び救命いかだの点検及び整備
(4)　検知器具及び安全装置の点検及び整備

答　(3)（船舶救命設備規則の規定）
　　((1), (2), (4)：船員労働安全衛生規則第5条第1項，第2項)

問114　衛生担当者は，次の(1)～(3)の事項に関して，それぞれどのような業務を行うか。
(1)　食料及び用水
(2)　医薬品その他の衛生用品
(3)　負傷者又は疾病が発生した場合

答　(1)　食料及び用水の衛生の保持に関すること。
　　(2)　点検及び整備に関すること。
　　(3)　適当な救急措置に関すること。
（船員労働安全衛生規則第8条）

問115 船員労働安全衛生規則で，年齢18年未満の船員に従事させてはならない作業は次のうちどれか。
 (ア) 動力さびおとし機を使用する作業
 (イ) フォークリフトの運転作業
 (ウ) 電気工事作業
 (エ) げん外に身体の重心を移して行う作業

答 (ア)（船員労働安全衛生規則第74条第4号）
 【解説】
　(イ)，(ウ)，(エ)　船員労働安全衛生規則第28条第1項に規定されている作業ではあるが，これらは経験又は技能を有する危険作業である。（年齢の制限について規定されていない。）

問116 船舶所有者が，通風，換気等温湿度調節のための適当な措置を講じなければならないのは，どのような場所か。

答　機関室，調理室等高温，又は多湿の状態にある船内の作業場。
（船員労働安全衛生規則第33条）

問117 船員労働安全衛生規則によると，油の浸みた布ぎれ，木くずその他の著しく燃え易い廃棄物は，どのように処理しなければならないか。

答　防火性のふた付きの容器に収める等これを安全に処理しなければならない。
（船員労働安全衛生規則第22条）

問118 引火性又は可燃性の塗料等を使用する塗装作業及び塗装剥離(はく)作業において，船舶所有者が講じなければならない措置について述べた次の文の □ に適合する語句を記号とともに記せ。
(1) 作業場所における □(ア) 及び □(イ) を禁止すること。
(2) 作業場所においては，□(ウ) を発し，又は □(エ) となるおそれのある器具を使用しないこと。
(3) 作業に使用した布ぎれ又は □(オ) は，みだりに放置しないこと。
(4) 作業場所の付近に，適当な □(カ) を用意すること。

答 (1) (ア)―火器の使用　　(イ)―喫煙
　　(2) (ウ)―火花　　　　　(エ)―高温となって点火源
　　(3) (オ)―剥離したくず
　　(4) (カ)―消火器具
　　（船員労働安全衛生規則第47条）

問119 船員労働安全衛生規則の規定について述べた次の文のうち，正しいものはどれか。
(1) 動力さび落とし機を使用する作業には年齢20年未満の船員は従事できない。
(2) 船内の燃料パイプ等の管系は，各社又は各船ごとに識別基準を定めて表示することができる。
(3) 床面2メートルの高さで墜落のおそれがある場所における作業は，高所作業である。
(4) 居住環境衛生の保持に関する作業は，安全担当者の業務の1つである。

答　正しいもの：(3)
　　（船員労働安全衛生規則第51条）
【解説】
　　(1) 年齢20年未満→年齢<u>18年未満</u>（第74条）
　　(2) 告示で定める識別基準により表示しなければならない。（第23条）
　　(4) 安全担当者の業務→<u>衛生担当者</u>の業務（第8条）

問120 船員労働安全衛生規則に規定されている「げん外作業」に関する次の問いに答えよ。

船舶所有者が講じなければならない措置について：
(1) 作業に従事する者には，安全な昇降用具のほか，どのようなものを使用させなければならないか。
(2) 作業場所の付近には，どのようなものを用意しておかなければならないか。
(3) 緊急の場合を除き，作業を行わせてはならないのは，どのような場合か。

答 (1) 命綱又は作業用救命胴衣を使用させること。
(2) 救命浮環等の直ちに使用できる救命器具を用意すること。
(3) 船体の動揺又は風速が著しく大である場合。
（船員労働安全衛生規則第52条，第51条第2項関連）

問121 次の文のうち，船員労働安全衛生規則上，正しいものはどれか。
(1) 少なくとも1年に1回，飲用水に含まれる遊離残留塩素の含有率についての検査を行わなければならない。
(2) 動力さび落とし機を使用する作業には年齢18歳未満の船員は従事できない。
(3) 船内の燃料パイプ等の管系は，各社又は各船ごとに識別基準を定めて表示することができる。
(4) 発生した災害の原因の調査に関することは，衛生担当者の業務の1である。

答 (2)
（船員労働安全衛生規則第74条第4号）
【解説】
(1) 1年に1回→<u>1月</u>に1回（同規則第40条の2第3項関連）
(3) 管系の識別基準は，<u>告示</u>で定める。（同規則第23条関連）
(4) 衛生担当者→<u>安全担当者</u>　（同規則第5条第4号関連）

問 122 高所作業に関する次の問いに答えよ。
(1) どのような場所で行う作業のことか。
(2) (1)の作業を行う者には，どのような保護具を使用させなければならないか。
(3) ボースンチェアを使用するときは，どのような注意をしなければならないか。

答 (1) 床面から2メートル以上の高所であって，墜落のおそれがある場所で行う作業。
(2) 保護帽及び命綱又は安全ベルト。
(3) 機械の動力によらせないこと。
（船員労働安全衛生規則第51条）

問 123 次の「高所作業」の規定に関する ☐ の中に当てはまる語句をそれぞれ選べ。
　船舶所有者は，床面から (1) 以上の高所であって墜落のおそれのある場所における作業を行わせる場合は，作業に従事する者に (2) 及び命綱又は安全ベルトを使用させる措置を講じなければならない。
(1) (ア) 2メートル　(イ) 3メートル　(ウ) 4メートル
　　(エ) 5メートル
(2) (ア) 保護靴　(イ) 保護帽　(ウ) 保護手袋
　　(エ) 保護衣

答 (1) (ア)
(2) (イ)
（船員労働安全衛生規則第51条第1項）

③ **船舶職員法** —略—（口述試験のみの対象）

④ **船舶法及び船舶安全法** —略—（口述試験のみの対象）

5 海洋汚染等・海上災害

> **問124** 次の(1)及び(2)は海洋汚染等及び海上災害の防止に関する法律の用語の意義を述べたものである。それぞれの用語を記せ。
> (1) 人が不要とした物（油及び有害液体物質等を除く。）をいう。
> (2) 船底にたまった油性混合物をいう。

答 (1) 廃棄物
　　(2) ビルジ
（海洋汚染等及び海上災害の防止に関する法律第3条第6号，第12号）

> **問125** 海洋汚染等及び海上災害の防止に関する法律の用語の説明として，誤っているものは，次のうちどれか。
> (1) 危険物とは，原油，液化石油ガスその他の政令で定める引火性の物質をいう。
> (2) 廃棄物とは，油及び有害液体物質等を除く，人が不要とした物をいう。
> (3) 排出とは，物を海洋に流し，又は落とすことをいう。
> (4) ビルジとは，船舶内にたまった有害液体物質をいう。

答 (4)
【解説】
　ビルジとは，船底にたまった<u>油性混合物</u>をいう。
（海洋汚染等及び海上災害の防止に関する法律第3条第12号）

> **問126** 海洋汚染等及び海上災害の防止に関する法律の規定に関する次の文の　　内に適合する語句を，記号とともに記せ。
> 　何人も，船舶，海洋施設又は航空機からの　(ア)　，　(イ)　又は　(ウ)　の排出，船舶からの　(エ)　の放出その他の行為により海洋汚染等をしないように努めなければならない。

答 (ア)―油　　　　　　(イ)―有害液体物質等

(ウ)―廃棄物　　　　(エ)―排出ガス
(海洋汚染等及び海上災害の防止に関する法律第2条)

問 127 次の文の(1)及び(2)の文の ☐ 内に適合する語句を記号とともに記せ。
(1) 排出される油中の油分の (ア)，排出海域及び (イ) に関し政令で定める基準に適合しないビルジその他の油を船舶から排出することは禁止されている。
(2) 油又は (ウ) が国土交通省令で定める範囲を超えて海面に広がっていることを発見した者は，遅滞なく，その旨を最寄りの (エ) に通報しなければならない。

答　(ア)―濃度　　　　　　(イ)―排出方法
　　　(ウ)―有害液体物質　　(エ)―海上保安機関
(海洋汚染等及び海上災害の防止に関する法律第4条第2項，第38条第7項)

問 128 海洋汚染等及び海上災害の防止に関する法律の規定によると，海域における船舶からの油の排出は禁止されているが，船舶からの油の排出が特に許されるのは，「船舶の安全を確保し，又は人命を救助するための油の排出」のほか，どのような場合か。

答　船舶の損傷その他やむを得ない原因により油が排出された場合において引き続く油の排出を防止するための可能な一切の措置をとったときの当該油の排出。
(海洋汚染等及び海上災害の防止に関する法律第4条第1項第2号)
【解説】
　損傷箇所を修理するため，その他，船の安全を保つために更にタンク内の残りの油も排出しなければならない場合のそれらの油の排出等は特に許される。

問 129 油の排出があった場合又は海上火災が発生した場合，当該船舶の船長は，どのような措置を講じることによって海上災害の防止に務めなければならないか。

答 排出された油の防除，消火，延焼の防止等の措置を講ずることにより，海上災害の防止に務めなければならない。
（海洋汚染等及び海上災害の防止に関する法律第2条第2項）

問 130 海洋汚染等及び海上災害の防止に関する法律に<u>規定されていない</u>ものは，次の(1)～(4)のうちどれか。
(1) 船舶からの油の排出規制
(2) 船舶における廃棄物の焼却の規制
(3) 油の荷役を終了したときの注意
(4) 排出油の防除のための資材の船内備付け

答 (3)

【解説】
(1) 海洋汚染等及び海上災害の防止に関する法律第4条
(2) 同法律第19条の35の4
(4) 同法律第39条の3

問 131　海洋汚染等及び海上災害の防止に関する法律で，「油による海洋汚染の防止のための設備等」について説明した次の文のうち，誤っているものはどれか。
(1) ビルジ等排出防止設備：船舶内に存する油の船底への流入の防止又はビルジ等の船舶内における貯蔵若しくは処理のための設備をいう。
(2) 水バラスト等排出防止設備：貨物油を含む水バラスト等の船舶内における貯蔵又は処理のための設備をいう。
(3) 分離バラストタンク：タンカーの貨物倉及び燃料油タンクから完全に分離されているタンクであって水バラストの積載のために常置されているものをいう。
(4) 貨物船倉原油洗浄設備：蒸気で貨物倉の原油を洗浄する設備をいう。

答　(4)
【解説】
　(1)，(2)，(3)は正しい。
（海洋汚染等及び海上災害の防止に関する法律第 5 条関連）
　(4)　蒸気で→原油により

問 132　油濁防止管理者は，どのような業務の管理を行うか。

答　船長を補佐して，船舶からの不適正な油の排出の防止に関する業務の管理を行う。
（海洋汚染等及び海上災害の防止に関する法律第 6 条）

問133 海洋汚染等及び海上災害防止に関する法律に規定する「油記録簿」について述べた次の文のうち，正しいものはどれか。
(1) 船長は，油記録簿をその最初の記載をした日から3年間船舶内に保存しなければならない。
(2) 船長は，油記録簿をその最初の記載をした日から5年間船舶内に保存しなければならない。
(3) 船長は，油記録簿をその最後の記載をした日から3年間船舶内に保存しなければならない。
(4) 船長は，油記録簿をその最後の記載をした日から5年間船舶内に保存しなければならない。

答 (3)
（海洋汚染等及び海上災害の防止に関する法律第8条第3項）

問134 油記録簿に関する次の問いに答よ。
(1) 油記録簿へ記載しなければならないのは，どのようなときか。次のうちから選び記号で答えよ。
　(ア) スラッジを陸揚げしたとき。
　(イ) 燃料油タンクを点検したとき。
　(ウ) 航海のため自船の燃料油を消費したとき。
　(エ) 他の船舶からのものと思われる流出油を発見したとき。
(2) 油記録簿の船内保存期間は，いつからいつまでか。

答 (1) (ア)
　　（海洋汚染等及び海上災害の防止に関する法律第8条第2項）
(2) <u>最後の記載をした日から3年間</u>。
　　（同法律第8条第3項）

【解説】
スラッジとは，油タンク（燃料油用，貨物用）内にたまる泥状の沈殿物をいう。

問 135　油記録簿に関する次の問いに答えよ。
(1) 油記録簿への記載は，通常，誰が行うか。
(2) 油記録簿は，いつから，何年間船舶内に保存しておかなければならないか。
(3) (1)及び(2)の事項を規定している法規名を記せ。

答　(1) 油濁防止管理者
　　(2) 最後の記載をした日から3年間
　　(3) 海洋汚染等及び海上災害の防止に関する法律
　　((1) 法律第8条第2項，(2) 法律第8条第3項)

問 136　油記録簿に関して述べた次の文のうち，誤っているものはどれか。
(1) 油記録簿の船内保存期間は，最後の記載をした日から3年間である。
(2) 油記録簿の様式，油記録簿への記載事項等は，法律で定められている。
(3) 引かれ船等以外のタンカーは，油記録簿の船内備付けが義務づけられている。
(4) 油濁防止管理者が選任されていない船舶では，機関長が油記録簿に記載する。

答　(4)
【解説】
　機関長ではなく船長が記載する。
(海洋汚染等及び海上災害の防止に関する法律第7条，第8条)

問 137　総トン数200トン以上のタンカーにおいて，油の排出その他油の取り扱いに関する作業で，国土交通省令で定めるものが行われたときは，だれが，油記録簿への記載を行わなければならないか。
(1) 船長
(2) 機関長
(3) 有害液体汚染防止管理者
(4) 油濁防止管理者

答 (4)
（海洋汚染等及び海上災害の防止に関する法律第8条第2項）

問138 海洋汚染等及び海上災害の防止に関する法律の規定によると，船舶における油の排出その他油の取り扱いに関する作業で国土交通省令で定めるものが行われたときは，誰が，どのような書類へ，そのことを記載しなければならないか。正しいものを次のうちから選べ。
(1) 当直機関士が機関日誌へ記載する。
(2) 当直機関士が油記録簿へ記載する。
(3) 油濁防止管理者が油記録簿へ記載する。
(4) 油濁防止管理者が機関日誌へ記載する。

答 (3)
（海洋汚染等及び海上災害の防止に関する法律第8条第2項）

6 **検疫法** —略—（口述試験のみの対象）

7 **国際公法** —略—（口述試験のみの対象）

巻末資料

平成 27 年 天測暦（抜粋）

- 天体出没方位角表
- 北極星緯度表

天体出没方位角表
RISING AND SETTING AZIMUTH (True Alt.=0°)

2015

緯度 l	赤緯 d															
	1°	2°	3°	4°	5°	6°	7°	8°	9°	10°	11°	12°	13°	14°	15°	16°
0	89.0	88.0	87.0	86.0	85.0	84.0	83.0	82.0	81.0	80.0	79.0	78.0	77.0	76.0	75.0	74.0
2	89.0	88.0	87.0	86.0	85.0	84.0	83.0	82.0	81.0	80.0	79.0	78.0	77.0	76.0	75.0	74.0
4	89.0	88.0	87.0	86.0	85.0	84.0	83.0	82.0	81.0	80.0	79.0	78.0	77.0	76.0	75.0	74.0
6	89.0	88.0	87.0	86.0	85.0	84.0	83.0	82.0	81.0	79.9	78.9	77.9	76.9	75.9	74.9	73.9
8	89.0	88.0	87.0	86.0	85.0	83.9	82.9	81.9	80.9	79.9	78.9	77.9	76.9	75.9	74.8	73.8
10	89.0	88.0	87.0	85.9	84.9	83.9	82.9	81.9	80.9	79.8	78.8	77.8	76.8	75.8	74.8	73.7
12	89.0	88.0	86.9	85.9	84.9	83.9	82.8	81.8	80.8	79.8	78.8	77.7	76.7	75.7	74.7	73.6
14	89.0	87.9	86.9	85.9	84.8	83.8	82.8	81.8	80.7	79.7	78.7	77.6	76.6	75.6	74.5	73.5
16	89.0	87.9	86.9	85.8	84.8	83.8	82.7	81.7	80.6	79.6	78.6	77.5	76.5	75.4	74.4	73.3
18	88.9	87.9	86.8	85.8	84.7	83.7	82.6	81.6	80.5	79.5	78.4	77.4	76.3	75.3	74.2	73.2
20	88.9	87.9	86.8	85.7	84.7	83.6	82.5	81.5	80.4	79.4	78.3	77.2	76.1	75.1	74.0	72.9
21	88.9	87.9	86.8	85.7	84.6	83.6	82.5	81.4	80.4	79.3	78.2	77.1	76.1	75.0	73.9	72.8
22	88.9	87.8	86.8	85.7	84.6	83.5	82.4	81.4	80.3	79.2	78.1	77.0	76.0	74.9	73.8	72.7
23	88.9	87.8	86.7	85.7	84.6	83.5	82.4	81.3	80.2	79.1	78.0	76.9	75.9	74.8	73.7	72.6
24	88.9	87.8	86.7	85.6	84.5	83.4	82.3	81.2	80.1	79.0	77.9	76.8	75.7	74.6	73.5	72.4
25	88.9	87.8	86.7	85.6	84.5	83.4	82.3	81.2	80.1	79.0	77.8	76.7	75.6	74.5	73.4	72.3
26	88.9	87.8	86.7	85.5	84.4	83.3	82.2	81.1	80.0	78.9	77.7	76.6	75.5	74.4	73.3	72.1
27	88.9	87.8	86.6	85.5	84.4	83.3	82.1	81.0	79.9	78.8	77.6	76.5	75.4	74.2	73.1	72.0
28	88.9	87.7	86.6	85.5	84.3	83.2	82.1	80.9	79.8	78.7	77.5	76.4	75.2	74.1	73.0	71.8
29	88.9	87.7	86.6	85.4	84.3	83.1	82.0	80.9	79.7	78.5	77.4	76.2	75.1	73.9	72.8	71.6
30	88.8	87.7	86.5	85.4	84.2	83.1	81.9	80.8	79.6	78.4	77.3	76.1	74.9	73.8	72.6	71.4
31	88.8	87.7	86.5	85.3	84.2	83.0	81.8	80.7	79.5	78.3	77.1	76.0	74.8	73.6	72.4	71.2
32	88.8	87.6	86.5	85.3	84.1	82.9	81.7	80.6	79.4	78.2	77.0	75.8	74.6	73.4	72.2	71.0
33	88.8	87.6	86.4	85.2	84.0	82.8	81.6	80.4	79.2	78.1	76.8	75.6	74.4	73.2	72.0	70.8
34	88.8	87.6	86.4	85.2	84.0	82.8	81.5	80.3	79.1	77.9	76.7	75.5	74.3	73.0	71.8	70.6
35	88.8	87.6	86.3	85.1	83.9	82.7	81.4	80.2	79.0	77.6	76.5	75.3	74.1	72.8	71.6	70.3
36	88.8	87.5	86.3	85.1	83.8	82.6	81.3	80.1	78.9	77.6	76.4	75.1	73.9	72.6	71.3	70.1
37	88.7	87.5	86.2	85.0	83.7	82.5	81.2	80.0	78.7	77.4	76.2	74.9	73.6	72.4	71.1	69.8
38	88.7	87.5	86.2	84.9	83.6	82.4	81.1	79.8	78.5	77.3	76.0	74.7	73.4	72.1	70.8	69.5
39	88.7	87.4	86.1	84.9	83.6	82.3	81.0	79.7	78.4	77.1	75.8	74.5	73.2	71.9	70.5	69.2
40	88.7	87.4	86.1	84.8	83.5	82.2	80.8	79.5	78.2	76.9	75.6	74.3	72.9	71.6	70.3	68.9
41	88.7	87.3	86.0	84.7	83.4	82.0	80.7	79.4	78.0	76.7	75.4	74.0	72.7	71.3	69.9	68.6
42	88.7	87.3	86.0	84.6	83.3	81.9	80.6	79.2	77.8	76.5	75.1	73.8	72.4	71.0	69.6	68.2
43	88.6	87.3	85.9	84.5	83.2	81.8	80.4	79.0	77.6	76.3	74.9	73.5	72.1	70.7	69.3	67.9
44	88.6	87.2	85.8	84.4	83.0	81.6	80.2	78.8	77.4	76.0	74.6	73.2	71.8	70.3	68.9	67.5
45	88.6	87.2	85.8	84.3	82.9	81.5	80.1	78.6	77.2	75.8	74.3	72.9	71.5	70.0	68.5	67.1
46	88.6	87.1	85.7	84.2	82.8	81.3	79.9	78.4	77.0	75.5	74.1	72.6	71.1	69.6	68.1	66.6
47	88.5	87.1	85.6	84.1	82.7	81.2	79.7	78.2	76.7	75.2	73.8	72.3	70.7	69.2	67.7	66.2
48	88.5	87.0	85.5	84.0	82.5	81.0	79.5	78.0	76.5	75.0	73.4	71.9	70.4	68.8	67.2	65.7
49	88.5	87.0	85.4	83.9	82.4	80.8	79.3	77.8	76.2	74.7	73.1	71.5	69.9	68.4	66.8	65.2
50	88.4	86.9	85.3	83.8	82.2	80.6	79.1	77.5	75.9	74.3	72.7	71.1	69.5	67.9	66.3	64.6
51	88.4	86.8	85.2	83.6	82.0	80.4	78.8	77.2	75.6	74.0	72.4	70.7	69.1	67.4	65.7	64.0
52	88.4	86.8	85.1	83.5	81.9	80.2	78.6	76.9	75.3	73.6	71.9	70.3	68.6	66.9	65.1	63.4
53	88.3	86.7	85.0	83.3	81.7	80.0	78.3	76.6	74.9	73.2	71.5	69.8	68.1	66.3	64.5	62.7
54	88.3	86.6	84.9	83.2	81.5	79.8	78.0	76.3	74.6	72.8	71.1	69.3	67.5	65.7	63.9	62.0
55	88.3	86.5	84.8	83.0	81.3	79.5	77.7	76.0	74.2	72.4	70.6	68.7	66.9	65.1	63.2	61.3
56	88.2	86.4	84.6	82.8	81.0	79.2	77.4	75.6	73.8	71.9	70.0	68.2	66.3	64.4	62.4	60.5
57	88.2	86.3	84.5	82.6	80.8	78.9	77.1	75.2	73.3	71.4	69.5	67.6	65.6	63.6	61.6	59.6
58	88.1	86.2	84.3	82.4	80.5	78.6	76.7	74.8	72.8	70.9	68.9	66.9	64.9	62.8	60.8	58.7
59	88.1	86.1	84.2	82.2	80.3	78.3	76.3	74.3	72.3	70.3	68.3	66.2	64.1	62.0	59.8	57.6
60	88.0	86.0	84.0	82.0	80.0	77.9	75.9	73.8	71.8	69.7	67.6	65.4	63.3	61.1	58.8	56.5
61	87.9	85.9	83.8	81.7	79.6	77.5	75.4	73.3	71.2	69.0	66.8	64.6	62.4	60.1	57.7	55.4
62	87.9	85.7	83.6	81.5	79.3	77.1	75.0	72.8	70.5	68.3	66.0	63.7	61.4	59.0	56.5	54.0
63	87.8	85.6	83.4	81.2	78.9	76.7	74.4	72.1	69.8	67.5	65.1	62.7	60.3	57.8	55.2	52.6
64	87.7	85.4	83.1	80.8	78.5	76.2	73.9	71.5	69.1	66.7	64.2	61.7	59.1	56.5	53.8	51.0
65	87.6	85.3	82.9	80.5	78.1	75.7	73.2	70.8	68.3	65.7	63.2	60.5	57.8	55.1	52.2	49.3

この表では，方位角は北あるいは南から測る．すなわち天体の赤緯が北であれば北から，赤緯が南であれば南から測り，緯度の南北には関しない．この表は天体中心の真高度が0°のときの方位角を示す．

『平成27年 天測暦』（海上保安庁海洋情報部編，海上保安庁発行）より

巻末資料 **201**

北 極 星 緯 度 表
TABLES FOR FINDING LATITUDE BY OBSERVING POLARIS
第 1 表 (Table 1)

2015

h	0ʰ	1ʰ	2ʰ	3ʰ	4ʰ	5ʰ	6ʰ	7ʰ	8ʰ	9ʰ	10ʰ	11ʰ
m	′	′	′	′	′	′	′	′	′	′	′	′
0	− 41.3	− 39.9	− 35.9	− 29.5	− 21.2	− 11.4	− 1.0	+ 9.4	+ 19.2	+ 27.5	+ 33.9	+ 37.9
1	− 41.3	− 39.9	− 35.8	− 29.4	− 21.0	− 11.3	− 0.8	+ 9.6	+ 19.3	+ 27.6	+ 34.0	+ 38.0
2	− 41.3	− 39.8	− 35.7	− 29.2	− 20.8	− 11.1	− 0.6	+ 9.8	+ 19.5	+ 27.7	+ 34.1	+ 38.0
3	− 41.3	− 39.8	− 35.6	− 29.1	− 20.7	− 10.9	− 0.5	+ 9.9	+ 19.6	+ 27.9	+ 34.2	+ 38.1
4	− 41.3	− 39.7	− 35.5	− 29.0	− 20.5	− 10.7	− 0.3	+ 10.1	+ 19.8	+ 28.0	+ 34.2	+ 38.1
5	− 41.3	− 39.7	− 35.5	− 28.9	− 20.4	− 10.6	− 0.1	+ 10.3	+ 19.9	+ 28.1	+ 34.3	+ 38.1
6	− 41.3	− 39.6	− 35.4	− 28.7	− 20.2	− 10.4	+ 0.1	+ 10.4	+ 20.1	+ 28.2	+ 34.4	+ 38.2
7	− 41.3	− 39.6	− 35.3	− 28.6	− 20.1	− 10.2	+ 0.2	+ 10.6	+ 20.2	+ 28.4	+ 34.5	+ 38.2
8	− 41.3	− 39.5	− 35.2	− 28.5	− 19.9	− 10.1	+ 0.4	+ 10.8	+ 20.4	+ 28.5	+ 34.6	+ 38.3
9	− 41.3	− 39.5	− 35.1	− 28.4	− 19.8	− 9.9	+ 0.6	+ 11.0	+ 20.5	+ 28.6	+ 34.7	+ 38.3
10	− 41.3	− 39.4	− 35.0	− 28.2	− 19.6	− 9.7	+ 0.8	+ 11.1	+ 20.7	+ 28.7	+ 34.7	+ 38.3
11	− 41.3	− 39.4	− 34.9	− 28.1	− 19.5	− 9.6	+ 0.9	+ 11.3	+ 20.8	+ 28.8	+ 34.8	+ 38.4
12	− 41.2	− 39.3	− 34.8	− 28.0	− 19.3	− 9.4	+ 1.1	+ 11.5	+ 20.9	+ 28.9	+ 34.9	+ 38.4
13	− 41.2	− 39.3	− 34.7	− 27.8	− 19.1	− 9.2	+ 1.3	+ 11.6	+ 21.1	+ 29.1	+ 35.0	+ 38.5
14	− 41.2	− 39.2	− 34.6	− 27.7	− 19.0	− 9.0	+ 1.5	+ 11.8	+ 21.2	+ 29.2	+ 35.1	+ 38.5
15	− 41.2	− 39.2	− 34.5	− 27.6	− 18.8	− 8.9	+ 1.6	+ 12.0	+ 21.4	+ 29.3	+ 35.1	+ 38.5
16	− 41.2	− 39.1	− 34.4	− 27.4	− 18.7	− 8.7	+ 1.8	+ 12.1	+ 21.5	+ 29.4	+ 35.2	+ 38.6
17	− 41.2	− 39.0	− 34.3	− 27.3	− 18.5	− 8.5	+ 2.0	+ 12.3	+ 21.7	+ 29.5	+ 35.3	+ 38.6
18	− 41.2	− 39.0	− 34.2	− 27.2	− 18.3	− 8.3	+ 2.2	+ 12.5	+ 21.8	+ 29.6	+ 35.4	+ 38.6
19	− 41.2	− 38.9	− 34.1	− 27.0	− 18.2	− 8.2	+ 2.3	+ 12.6	+ 22.0	+ 29.8	+ 35.4	+ 38.7
20	− 41.1	− 38.9	− 34.0	− 26.9	− 18.0	− 8.0	+ 2.5	+ 12.8	+ 22.1	+ 29.9	+ 35.5	+ 38.7
21	− 41.1	− 38.8	− 33.9	− 26.8	− 17.9	− 7.8	+ 2.7	+ 12.9	+ 22.3	+ 30.0	+ 35.6	+ 38.7
22	− 41.1	− 38.7	− 33.8	− 26.6	− 17.7	− 7.7	+ 2.9	+ 13.1	+ 22.4	+ 30.1	+ 35.7	+ 38.7
23	− 41.1	− 38.7	− 33.7	− 26.5	− 17.6	− 7.5	+ 3.0	+ 13.3	+ 22.5	+ 30.2	+ 35.7	+ 38.8
24	− 41.1	− 38.6	− 33.6	− 26.4	− 17.4	− 7.3	+ 3.2	+ 13.4	+ 22.7	+ 30.3	+ 35.8	+ 38.8
25	− 41.1	− 38.6	− 33.5	− 26.2	− 17.2	− 7.1	+ 3.4	+ 13.6	+ 22.8	+ 30.4	+ 35.9	+ 38.8
26	− 41.0	− 38.5	− 33.4	− 26.1	− 17.1	− 7.0	+ 3.6	+ 13.8	+ 23.0	+ 30.5	+ 36.0	+ 38.9
27	− 41.0	− 38.4	− 33.3	− 25.9	− 16.9	− 6.8	+ 3.7	+ 13.9	+ 23.1	+ 30.6	+ 36.0	+ 38.9
28	− 41.0	− 38.4	− 33.2	− 25.8	− 16.7	− 6.6	+ 3.9	+ 14.1	+ 23.3	+ 30.8	+ 36.1	+ 38.9
29	− 41.0	− 38.3	− 33.1	− 25.7	− 16.6	− 6.4	+ 4.1	+ 14.3	+ 23.4	+ 30.9	+ 36.2	+ 38.9
30	− 41.0	− 38.2	− 33.0	− 25.5	− 16.4	− 6.3	+ 4.3	+ 14.4	+ 23.5	+ 31.0	+ 36.2	+ 39.0
31	− 40.9	− 38.2	− 32.9	− 25.4	− 16.3	− 6.1	+ 4.4	+ 14.6	+ 23.7	+ 31.1	+ 36.3	+ 39.0
32	− 40.9	− 38.1	− 32.8	− 25.3	− 16.1	− 5.9	+ 4.6	+ 14.7	+ 23.8	+ 31.2	+ 36.4	+ 39.0
33	− 40.9	− 38.0	− 32.6	− 25.1	− 15.9	− 5.7	+ 4.8	+ 14.9	+ 23.9	+ 31.3	+ 36.4	+ 39.0
34	− 40.9	− 38.0	− 32.5	− 25.0	− 15.8	− 5.6	+ 5.0	+ 15.1	+ 24.1	+ 31.4	+ 36.5	+ 39.0
35	− 40.8	− 37.9	− 32.4	− 24.8	− 15.6	− 5.4	+ 5.1	+ 15.2	+ 24.2	+ 31.5	+ 36.6	+ 39.1
36	− 40.8	− 37.8	− 32.3	− 24.7	− 15.4	− 5.2	+ 5.3	+ 15.4	+ 24.4	+ 31.6	+ 36.6	+ 39.1
37	− 40.8	− 37.7	− 32.2	− 24.5	− 15.3	− 5.0	+ 5.5	+ 15.6	+ 24.5	+ 31.7	+ 36.7	+ 39.1
38	− 40.7	− 37.7	− 32.1	− 24.4	− 15.1	− 4.9	+ 5.7	+ 15.7	+ 24.6	+ 31.8	+ 36.7	+ 39.1
39	− 40.7	− 37.6	− 32.0	− 24.3	− 14.9	− 4.7	+ 5.8	+ 15.9	+ 24.8	+ 31.9	+ 36.8	+ 39.1
40	− 40.7	− 37.5	− 31.9	− 24.1	− 14.8	− 4.5	+ 6.0	+ 16.0	+ 24.9	+ 32.0	+ 36.9	+ 39.1
41	− 40.7	− 37.4	− 31.8	− 24.0	− 14.6	− 4.3	+ 6.2	+ 16.2	+ 25.0	+ 32.1	+ 36.9	+ 39.2
42	− 40.6	− 37.4	− 31.6	− 23.8	− 14.5	− 4.2	+ 6.3	+ 16.3	+ 25.2	+ 32.2	+ 37.0	+ 39.2
43	− 40.6	− 37.3	− 31.5	− 23.7	− 14.3	− 4.0	+ 6.5	+ 16.5	+ 25.3	+ 32.3	+ 37.0	+ 39.2
44	− 40.6	− 37.2	− 31.4	− 23.5	− 14.1	− 3.8	+ 6.7	+ 16.7	+ 25.4	+ 32.4	+ 37.1	+ 39.2
45	− 40.5	− 37.1	− 31.3	− 23.4	− 14.0	− 3.6	+ 6.9	+ 16.8	+ 25.6	+ 32.5	+ 37.2	+ 39.2
46	− 40.5	− 37.1	− 31.2	− 23.2	− 13.8	− 3.5	+ 7.0	+ 17.0	+ 25.7	+ 32.6	+ 37.2	+ 39.2
47	− 40.5	− 37.0	− 31.1	− 23.1	− 13.6	− 3.3	+ 7.2	+ 17.1	+ 25.8	+ 32.7	+ 37.3	+ 39.2
48	− 40.4	− 36.9	− 30.9	− 22.9	− 13.5	− 3.1	+ 7.4	+ 17.3	+ 26.0	+ 32.8	+ 37.3	+ 39.2
49	− 40.4	− 36.8	− 30.8	− 22.8	− 13.3	− 2.9	+ 7.6	+ 17.5	+ 26.1	+ 32.9	+ 37.4	+ 39.3
50	− 40.3	− 36.7	− 30.7	− 22.7	− 13.1	− 2.8	+ 7.7	+ 17.6	+ 26.2	+ 33.0	+ 37.4	+ 39.3
51	− 40.3	− 36.7	− 30.6	− 22.5	− 13.0	− 2.6	+ 7.9	+ 17.8	+ 26.4	+ 33.1	+ 37.5	+ 39.3
52	− 40.3	− 36.6	− 30.5	− 22.4	− 12.8	− 2.4	+ 8.1	+ 17.9	+ 26.5	+ 33.2	+ 37.5	+ 39.3
53	− 40.2	− 36.5	− 30.4	− 22.2	− 12.6	− 2.2	+ 8.2	+ 18.1	+ 26.6	+ 33.3	+ 37.6	+ 39.3
54	− 40.2	− 36.4	− 30.2	− 22.1	− 12.4	− 2.1	+ 8.4	+ 18.2	+ 26.7	+ 33.4	+ 37.6	+ 39.3
55	− 40.1	− 36.3	− 30.1	− 21.9	− 12.3	− 1.9	+ 8.6	+ 18.4	+ 26.9	+ 33.5	+ 37.7	+ 39.3
56	− 40.1	− 36.2	− 30.0	− 21.8	− 12.1	− 1.7	+ 8.7	+ 18.5	+ 27.0	+ 33.5	+ 37.7	+ 39.3
57	− 40.1	− 36.2	− 29.9	− 21.6	− 11.9	− 1.5	+ 8.9	+ 18.7	+ 27.1	+ 33.6	+ 37.8	+ 39.3
58	− 40.0	− 36.1	− 29.7	− 21.5	− 11.8	− 1.4	+ 9.1	+ 18.8	+ 27.2	+ 33.7	+ 37.8	+ 39.3
59	− 40.0	− 36.0	− 29.6	− 21.3	− 11.6	− 1.2	+ 9.3	+ 19.0	+ 27.4	+ 33.8	+ 37.8	+ 39.3
60	− 39.9	− 35.9	− 29.5	− 21.2	− 11.4	− 1.0	+ 9.4	+ 19.2	+ 27.5	+ 33.9	+ 37.9	+ 39.3

『平成 27 年 天測暦』(海上保安庁海洋情報部編、海上保安庁発行) より

北 極 星 緯 度 表
TABLES FOR FINDING LATITUDE BY OBSERVING POLARIS

第 2 表　　(Table 2)
　[常　加]　　　(add)

高度 Alt.	時角 h												
°	0^h	1^h	2^h	3^h	4^h	5^h	6^h	7^h	8^h	9^h	10^h	11^h	12^h
0	0.0	0.0	0.0	0.0	0.0	0.0	0.0	0.0	0.0	0.0	0.0	0.0	0.0
5	0.0	0.0	0.0	0.0	0.0	0.0	0.0	0.0	0.0	0.0	0.0	0.0	0.0
10	0.0	0.0	0.0	0.0	0.0	0.0	0.0	0.0	0.0	0.0	0.0	0.0	0.0
15	0.0	0.0	0.0	0.0	0.0	0.1	0.1	0.1	0.0	0.0	0.0	0.0	0.0
20	0.0	0.0	0.0	0.0	0.1	0.1	0.1	0.1	0.1	0.0	0.0	0.0	0.0
25	0.0	0.0	0.0	0.1	0.1	0.1	0.1	0.1	0.1	0.1	0.0	0.0	0.0
30	0.0	0.0	0.0	0.1	0.1	0.1	0.1	0.1	0.1	0.1	0.0	0.0	0.0
35	0.0	0.0	0.0	0.1	0.1	0.2	0.2	0.2	0.1	0.1	0.0	0.0	0.0
40	0.0	0.0	0.0	0.1	0.1	0.2	0.2	0.2	0.1	0.1	0.0	0.0	0.0
45	0.0	0.0	0.1	0.1	0.2	0.2	0.2	0.2	0.2	0.1	0.1	0.0	0.0
50	0.0	0.0	0.1	0.1	0.2	0.3	0.3	0.3	0.2	0.1	0.1	0.0	0.0
55	0.0	0.0	0.1	0.2	0.3	0.3	0.3	0.3	0.3	0.2	0.1	0.0	0.0
60	0.0	0.0	0.1	0.2	0.3	0.4	0.4	0.4	0.3	0.2	0.1	0.0	0.0
65	0.0	0.0	0.1	0.3	0.4	0.5	0.5	0.5	0.4	0.3	0.1	0.0	0.0
70	0.0	0.0	0.2	0.3	0.5	0.6	0.6	0.6	0.5	0.3	0.2	0.0	0.0

第 3 表　　(Table 3)
　[常　加]　　　(add)

月 日 Date	時角 h												
	0^h	1^h	2^h	3^h	4^h	5^h	6^h	7^h	8^h	9^h	10^h	11^h	12^h
1 1	1.2	1.2	1.2	1.1	1.1	1.0	1.0	1.0	0.9	0.9	0.8	0.8	0.8
1 21	1.2	1.2	1.2	1.2	1.1	1.1	1.0	0.9	0.9	0.8	0.8	0.8	0.8
2 10	1.2	1.2	1.2	1.2	1.1	1.1	1.0	0.9	0.9	0.8	0.8	0.8	0.8
3 2	1.2	1.2	1.2	1.2	1.1	1.1	1.0	0.9	0.9	0.8	0.8	0.8	0.8
3 22	1.1	1.1	1.1	1.1	1.1	1.0	1.0	1.0	0.9	0.9	0.9	0.9	0.9
4 11	1.1	1.1	1.0	1.0	1.0	1.0	1.0	1.0	1.0	1.0	1.0	0.9	0.9
5 1	1.0	1.0	1.0	1.0	1.0	1.0	1.0	1.0	1.0	1.0	1.0	1.0	1.0
5 21	0.9	0.9	0.9	0.9	0.9	1.0	1.0	1.0	1.1	1.1	1.1	1.1	1.1
6 10	0.8	0.8	0.8	0.8	0.9	0.9	1.0	1.1	1.1	1.2	1.2	1.2	1.2
6 30	0.7	0.7	0.8	0.8	0.9	0.9	1.0	1.1	1.1	1.2	1.2	1.3	1.3
7 20	0.7	0.7	0.7	0.8	0.8	0.9	1.0	1.1	1.2	1.2	1.3	1.3	1.3
8 9	0.7	0.7	0.7	0.8	0.8	0.9	1.0	1.1	1.2	1.2	1.3	1.3	1.3
8 29	0.7	0.8	0.8	0.8	0.9	0.9	1.0	1.1	1.1	1.2	1.2	1.2	1.3
9 18	0.8	0.8	0.8	0.9	0.9	1.0	1.0	1.0	1.1	1.1	1.2	1.2	1.2
10 8	0.9	0.9	0.9	0.9	1.0	1.0	1.0	1.0	1.0	1.1	1.1	1.1	1.1
10 28	1.0	1.0	1.0	1.0	1.0	1.0	1.0	1.0	1.0	1.0	1.0	1.0	1.0
11 17	1.2	1.1	1.1	1.1	1.1	1.0	1.0	1.0	0.9	0.9	0.9	0.9	0.8
12 7	1.3	1.3	1.2	1.2	1.1	1.1	1.0	0.9	0.9	0.8	0.8	0.7	0.7
12 27	1.4	1.4	1.3	1.3	1.2	1.1	1.0	0.9	0.8	0.7	0.7	0.6	0.6
1 16	1.4	1.4	1.4	1.3	1.2	1.1	1.0	0.9	0.8	0.7	0.6	0.6	0.6

緯度＝（北極星真高度）＋（第1表）＋（第2表）＋（第3表）
Lat. ＝ (Obs. true Alt.) ＋ (Tab. 1) ＋ (Tab. 2) ＋ (Tab. 3)

$h = U + E_x \pm L$ in T.　$\left(L\text{ が } \begin{array}{l}\text{東経 E. Long. のとき } + \\ \text{西経 W. Long. のとき } -\end{array} \right)$

『平成 27 年 天測暦』（海上保安庁海洋情報部編，海上保安庁発行）より

海技試験問題例

　海技従事者国家試験には，定期試験と臨時試験があります。これらの試験問題の形式は全く変わりません。ここに収録した試験問題例は，四級海技士（航海）及び五級海技士（航海）の試験問題として出題されたものです。
　問題用紙の冒頭にある「コ」は『航海に関する科目』，「ウ」は『運用に関する科目』，「ホ」は『法規に関する科目』を示している略号です。それぞれの解答時間は，各略号の右側に記載されています。それらの解答時間内に解答することになりますが，早く書き終えても，試験開始30分を経過するまでは退場することはできません。
　よい答案を書くには
① その問題をよく読み，問題の要点を確実に理解すること。
② 答がすぐに出ない場合は，できるものから手を着けること。
③ 答がいくつかある場合は，重要なものから箇条書きにし，簡潔に記載すること。
④ 海技試験官が読みやすいように丁寧に，要領よく書くこと。
⑤ 書き終わったならば，2，3度は読み返すこと。
などに注意しましょう。
　問題の中で，「何々について記せ。」，または「何々について述べよ。」とある場合，①「記せ」，②「述べよ」であるから，①は簡略に箇条書き，②は，やや詳しくといった程度であると理解すればよいと思います。
　これらの書き方は，本書の問題と答を理解され参考とすることにより，答の書き方に慣れれば合格は間違いないものと思われます。

4 N　コ　　2½時間

(配点　各問100，総計400)

1㈠　下表は，針路改正に必要な諸要素の関係を示したものである。この表により(1)～(4)に該当する数値等を番号とともに記せ。

実航真針路	磁針路	コンパス針路	風　向	風圧差	自　差	偏　差
(1)	012°	017°	W	2°	(2)	2°W
325°	(3)	(4)	SW	3°	3°E	6°W

㈡　操舵制御装置を自動操舵として航行中，一般にどのような注意が必要か。3つあげよ。

㈢　六分儀で太陽の高度を正しく測るためには，次の(1)及び(2)については，どのような注意が必要か。
　(1)　波浪がある場合の眼高
　(2)　薄い霧などのため，水平線が明瞭でない場合の眼高

2㈠　航路標識に関する次の問いに答えよ。
　(1)　右図に示す灯浮標の灯質は，次のうちどれか。
　　㈦　群急閃白光(毎10秒に3急閃光)
　　㈣　群急閃白光(毎15秒に9急閃光)
　　㈥　群急閃白光(毎15秒に6急閃光と1長閃光)
　　㈢　連続急閃白光

　(2)　橋梁標識はどのような航路標識か。

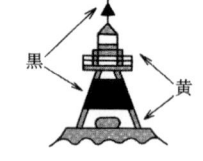

㈡　潮汐に関する用語の「小潮」を太陽，地球，月の相互間の関係を図示して説明せよ。

㈢　沿岸航行中，クロス方位法によって船位を求める場合，物標選定上注意しなければならない事項を3つあげよ。

3 試験用海図 No.16 (⊕ は，40°N，136°E で，この海図に引かれている緯度線，経度線の間隔はそれぞれ 10′ である。) を使用して，次の問いに答えよ。

(一) A 丸は，1100 鶴岬灯台から 330°(真方位) 5 海里の地点を発し，前島灯台の真南 4 海里の地点へ 2 時間で直航する予定である。次の(1)及び(2)を求めよ。ただし，この海域には，流向 350°(真方位)，流速 2 ノットの海流があり，ジャイロ誤差はない。
  (1) A 丸がとらなければならないジャイロコース及び対水速力
  (2) 鳥埼灯台が正横となる時刻

(二) B 丸(速力 14 ノット)は，ジャイロコース 320°(誤差なし)で航行中，0900 冬島灯台のジャイロコンパス方位を 242°に測定したのち同灯台は見えなくなり，その後も同一の針路，速力で航行を続け，0942 犬埼灯台のジャイロコンパス方位を 343°に測定した。0942 の B 丸の船位(緯度，経度)を求めよ。ただし，風潮の影響はない。

4 (一) 某年 4 月 14 日，推測位置 33°-10′N，140°-54′E において，太陽の下辺子午線高度を 65°-52.3′に測った。均時差(-)0^m-26^s，赤緯 9°-15.1′N，六分儀の器差(+)2.0′，眼高 13 m として，次の(1)及び(2)を求めよ。
  (1) 太陽の子午線正中時(135°E を基準とする標準時で示せ。)
  (2) 実測緯度

(二) 右図は，距等圏航法における各要素間の関係を示すために用いられる図形である。次の問いに答えよ。
  (1) 図中の⑦の名称(用語)を示せ。
  (2) ⑦，緯度及び東西距の間には，どのような関係があるか。計算式を示せ。

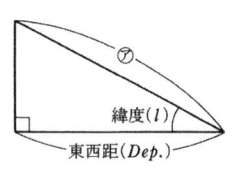

(三) 海上交通サービス(VTS : Vessel Traffic Service)に関する次の問いに答えよ。
  (1) 日本において，海上交通サービス業務(VTS 業務)を行う海上交通センターが設置されている海域はどこか。3 つあげよ。
  (2) (1)の海上交通センターから，船舶を特定せずに提供される情報には，どのようなものがあるか。3 つあげよ。

4 N ウ　　2 ½ 時間

(配点　各問 100，総計 400)

1 ㈠ 船の長さについて述べた次の文にあてはまるものを，下のうちから選べ。
「船首の最前端から船尾の最後端までの水平距離をいう。」
(1) 全　長　　　　　　　　　　　(2) 垂線間長
(3) 水線長さ　　　　　　　　　　(4) 登録長さ（船舶国籍証書に記載される長さ）

㈡ 右図は，船の甲板を用途により分けたものを示す。(ア)～(カ)の甲板はそれぞれ何と呼ばれるか。

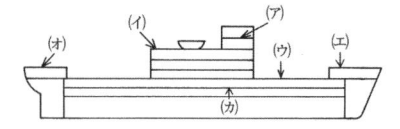

㈢ 鋼船に用いられる船底塗料で，次の(1)～(3)の役目をするものは，それぞれ何という船底塗料か。
(1) 外舷水線部のさび止めと防汚
(2) 船底外部への生物の付着防止
(3) 船底外板のさび止め並びに(1)及び(2)の船底塗料の下塗り

㈣ 鋼製ハッチカバーに関する次の問いに答えよ。
(1) 従来の木製ハッチカバー（ハッチボード）と比べてどのような利点があるか。2つあげよ。
(2) カーゴホールドへの漏水を防ぐため，鋼製ハッチカバーのどのような箇所のどのような状況を点検するか。

2 ㈠ 固定ピッチプロペラの一軸右回り船が，機関を前進又は後進に使用した場合に関する次の問いに答えよ。
(1) プロペラの回転によって生じる水の流れを2つあげよ。
(2) 舵中央として停止中のこの船が機関を前進にかけると，(1)の水の各流れは，それぞれ船尾を左舷又は右舷のどちらへ偏向させるか。
(3) プロペラが回転する場合，上になった羽根と下になった羽根が受ける水の抵抗の差によって船尾を横方向へ押す力を何というか。

㈡ 航行中，船体の横揺れ周期を測定する方法を述べよ。また，横揺れ周期と GM との間には，どのような関係があるか。

㈢ 操船上，適当な船尾トリムがよいといわれる理由を述べよ。

3 (一) 右図は，日本付近における地上天気図の１例を示す。次の問いに答えよ。
  (1) ア及びイの前線名をそれぞれ記せ。
  (2) A，B，C，D及びEの各観測地点で：
    (ア) 気圧の最も低い地点及びその地点の気圧を記せ。
    (イ) 風力の最も強い地点及びその地点の風向と風力を記せ。
    (ウ) C地点及びE地点の天気記号（日本式）は，それぞれ何を表しているか。
    注：(2)の各観測地点とは，天気記号が描かれている場所を示す。
  (二) 日本付近に，次の(1)～(3)の気象をもたらす高気圧の名称をそれぞれ記せ。
    (1) 三寒四温　　　(2) 小春びより　　　(3) 梅雨
  (三) 海陸風はどのような原因で発生し，どのように吹くか。

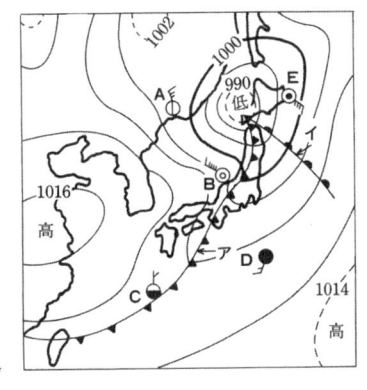

4 (一) 操船に及ぼす風浪の影響に関する次の問いに答えよ。
  (1) 前進航走中に横風を受けている場合，船首は一般に風に対してどちら側に回頭するか。
  (2) 荒天航行中，波との出会い周期と船の揺れ周期が一致するようになった場合どのような影響を受けるか。
  (二) 洋上で自船とほぼ同じ大きさの船を曳航する場合の，次の(1)及び(2)について述べよ。
  (1) 曳索の長さ
  (2) 曳索の切断を防止するため注意しなければならない事項
  (三) 900 kgの貨物をつり上げようとする場合，直径20 mmのナイロンロープ（係数0.7）と直径14 mmのワイヤロープ（係数2.0）のうち，どちらのロープを使用すれば安全か。ただし，安全使用力は破断力の$\frac{1}{6}$とする。（強度を計算して答えること。）

4 N ホ　　　2 時間

(配点　各問 100, 総計 300)

1　海上衝突予防法に関する次の問いに答えよ。
　㈠　法第 9 条(狭い水道等)について：
　　(1)　「狭い水道等」とは，「狭い水道」のほか，どのようなところをいうか。
　　(2)　狭い水道等をこれに沿って航行する船舶は，どのように航行しなければならないか。
　　(3)　狭い水道等を横切ろうとする船舶については，どのような制限規定があるか。
　　(4)　狭い水道におけるびょう泊については，どのように規定されているか。

　㈡　法第 19 条第 4 項は，「他の船舶の存在をレーダーのみにより探知した船舶は，当該他の船舶に著しく接近することとなるかどうか又は当該他の船舶と衝突するおそれがあるかどうかを判断しなければならず，また，他の船舶に著しく接近することとなり，又は他の船舶と衝突するおそれがあると判断した場合は，十分に余裕のある時期にこれらの事態を避けるための動作をとらなければならない。」と規定している。この規定による動作をとる船舶は，やむを得ない場合を除き，どのような針路の変更を行ってはならないか。

　㈢　「注意喚起信号」は，どのような方法で行うことができるか。

2　㈠　港則法に関する次の問いに答えよ。
　　(1)　右図に示すように港内において，入航中の動力船甲丸(総トン数 200 トン)と出航中の汽艇乙丸とが × 地点付近で衝突するおそれがあるとき，甲丸及び乙丸は，それぞれどのような措置をとらなければならないか。

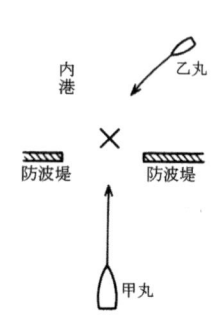

　　(2)　港内において，相当の注意をしないで喫煙し，又は火気を取り扱ってはならないのは，何の付近か。

2 (二) 海上交通安全法及び同法施行規則に関する次の問いに答えよ。
　(1) 航路をこれに沿って航行する船舶が，航路の全区間において，法第5条(速力の制限)の規定を守らなければならない航路を4つあげよ。
　(2) 「進路を他の船舶に知らせるための国土交通省令で定める信号による表示」について：
　　(ア) 表示を義務づけられているのは，どのような船舶か。また，どのようなときに行わなければならないか。
　　(イ) 昼間，国際信号旗による表示には，どのようなものがあるか。例を3つあげよ。

3 (一) あらゆる視界の状態において，船舶は，他の船舶との衝突を避けるための動作をとる場合は，他の船舶との間にどのような距離を保って通過することができるようにしなければならないか。また，他の船舶との衝突を避けるための動作をとった後は，どのようにしなければならないか。
(海上衝突予防法)

(二) 船内秩序を維持するため，海員は，「上長の職務上の命令に従うこと。」以外にどのようなことを守らなければならないか。4つあげよ。　　　　(船員法)

(三) 船舶所有者が，通風，換気等温湿度調節のための適当な措置を講じなければならないのは，どのような場所か。　　　　(船員労働安全衛生規則)

(四) 油記録簿へ記載しなければならないのは，どのようなときか。次のうちから選べ。
(海洋汚染等及び海上災害の防止に関する法律及び同法律施行規則)
　(1) スラッジを陸揚げしたとき。
　(2) 燃料油タンクを点検したとき。
　(3) 航海のため自船の燃料油を消費したとき。
　(4) 他の船舶からのものと思われる流出油を発見したとき。

5N コ　　2½時間

(配点　各問100，総計400)

1㈠ 液体式磁気コンパスの次の(1)～(4)は，それぞれどのような役目をするものか。下の枠内の(ア)～(カ)のうちから選び，記号で答えよ。〔解答例：(5)—(キ)〕

(1) コンパス液　　(2) 磁針　　(3) 浮室　　(4) ジンバル(遊動環)装置

> (ア) コンパスカードの北を磁北の方へ向かせる。
> (イ) コンパスカードを軽くし，軸帽を設けて支点の摩擦を防ぐ。
> (ウ) コンパスバウルを水平に保持する。
> (エ) シャドーピンを立てる座金である。
> (オ) 船体の振動が伝わるのを防ぎ，コンパスカードを安定させる。
> (カ) コンパスカードを支える。

㈡ ジャイロコンパスは磁気コンパスと比べ，どのような利点があるか。2つ述べよ。

㈢ GPSに関して述べた次の(A)と(B)の文について，それぞれの正誤を判断し，下の(1)～(4)のうちからあてはまるものを選べ。

> (A) GPSでは，陸上に送信局を設置しているので，送信局の位置が一定している。
> (B) GPSでは，本船の位置(緯度，経度)の測定の他，進行方向(進路)及び速力を求めることができる。

(1) (A)は正しく，(B)は誤っている。　　(2) (A)は誤っていて，(B)は正しい。
(3) (A)も(B)も正しい。　　　　　　　　(4) (A)も(B)も誤っている。

㈣ 音響測深機では，水深が浅いときに，濃いはっきりした線で2回反射線，3回反射線が記録されることがあるが，これは一般にどのような底質の場合か。

2㈠ 航路標識に関する次の問いに答えよ。

(1) 右図に示す灯浮標の意味について述べた次の文のうち，正しいものはどれか。

(ア) 灯浮標の北側に可航水域がある。
(イ) 灯浮標の東側に可航水域がある。
(ウ) 灯浮標の南側に可航水域がある。
(エ) 灯浮標の西側に可航水域がある。

(2) レーダー反射器とはどのようなものか。

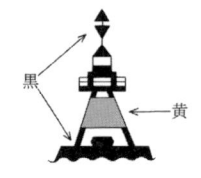

2 ㈡ 次の(1)及び(2)は，潮汐に関する用語の説明である。それぞれ，何について述べたものか。
　(1)　月がその地の子午線に正中してから，その地が高潮になるまでの時間
　(2)　日本における潮高の基準面
　㈢　3物標を用いて，クロス方位法により船位を求めるため，海図上に3本の方位線を記入したが，1点で交わらずに三角形ができた。この場合について，次の問いに答えよ。
　(1)　1点で交わらない理由としては，どのようなことが考えられるか。2つあげよ。
　(2)　この場合，どのようにして船位を決定すればよいか。

3　試験用海図 No. 16（⊕は，40°N，138°E で，この海図に引かれている緯度線，経度線の間隔はそれぞれ 10′ である。）を使用して，次の問いに答えよ。
　㈠　A丸（速力14ノット）は，0945 鶴岬灯台の真北 5 海里の地点から磁針路 298°で航行した。この海域には流向 315°（真方位），流速 3 ノットの海流があるものとして，次の(1)～(3)を求めよ。
　(1)　実航磁針路及び実速力
　(2)　長崎灯台の正横距離
　(3)　1100 の予想位置（緯度，経度）
　㈡　B丸は，冬島の北方海域を航行中，沖ノ島灯台及び馬埼灯台のジャイロコンパス方位をほとんど同時に測り，それぞれ 196°，285°を得た。このときの船位（緯度，経度）を求めよ。ただし，ジャイロ誤差はない。

4 ㈠　甲丸は 0915 に A 地点を発し，256 海里離れた B 地点に翌日の 0645 に到着した。甲丸がこの間を直行したものとすると，その平均速力は何ノットか。
　㈡　乙丸は，5°-40′S，175°-10′E の地点から 11°-35′N，159°-20′E の地点まで航走した。次の(1)及び(2)を求めよ。
　(1)　変　緯（緯　差）　　　　(2)　変　経（経　差）
　㈢　1つの物標を利用して，船位を測定する方法を2つあげ，その概略を説明せよ。
　㈣　狭水道は通常どのような時機に通航するのがよいか。2つあげよ。

5N ウ   2½時間

(配点 各問100, 総計400)

1㈠ 右図は，鋼船の船体中央部の断面図の大要を示したものである。次の問いに答えよ。 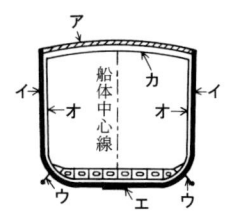
　(1) ア～カの名称をそれぞれ記せ。
　(2) 船体の縦強度を保つための部材となっているものを，ア～カのうちから2つ選べ。
　(3) ア及びオは，それぞれどのような役目をするか。

㈡ 鋼船の入渠中又は上架中に行う点検のうち，次の(1)及び(2)については，特にそれぞれどのような箇所のどのような状況について調べる必要があるか。
　(1) 船首部外板の外面　　　(2) 舵

2㈠ 次の(1)及び(2)の場合に大舵角をとると，どのような危険を生じるおそれがあるか。理由とともに述べよ。
　(1) 荒天航行中，変針しようとする場合
　(2) 潮流の速い狭い水道を航行中，変針しようとする場合

㈡ 喫水に対して水深の浅い（船底下の余裕水深の少ない）水域を航行する場合に現れる影響について述べた次の文のうち，誤っているものはどれか。
　(1) 船体が沈下しトリムが変化する。　(2) 速力が増加する。
　(3) 舵効きが低下する。　(4) 旋回性能が低下する。

㈢ 右図は，沿海区域を航行区域とする船（長さ24m以上）の，船の長さの中央部両船側外板に標示されている満載喫水線標（乾舷標）を示す。次の問いに答えよ。 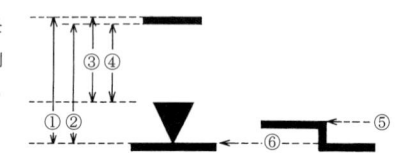
　(1) 乾舷を示すものは，①～④のうちどれか。
　(2) ⑤及び⑥の線はそれぞれ何を表しているか。
　(3) 乾舷を確保することが船の航行上，重要である理由を述べよ。

3 (一) 冬季,日本付近に最も多く現れる地上天気図型(気圧配置上からの分類)は「冬型」以外に何型と呼ばれるか。また,この型の場合における日本の天気の特徴を述べよ。

(二) 右図は,日本付近に来襲した台風とその中心の進路を示したものである。次の問いに答えよ。
 (1) 台風がA地点にあるとき,南からの強い風が吹いているのは,B,C,D及びEのうちどの地点か。記号で示せ。
 (2) F地点では,台風の進行に伴って,風向はどのように変化するか。

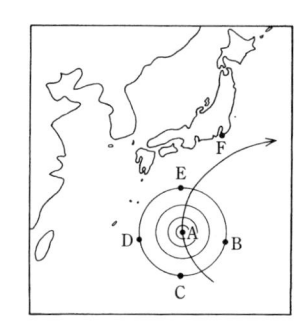

(三) 風向・風速計がない場合に,海面の状況を見て概略の風向と風力を知るには,どのようにすればよいか。

4 (一) 荒天時の操船法について述べた次の(A)と(B)の文について,それぞれの<u>正誤を判断し</u>,下の(1)〜(4)のうちからあてはまるものを選べ。

> (A) 舵の効く程度に機関を前進微速とし,船首2〜3点から風浪を受けるように操船する方法をちちゅう法という。
> (B) 船尾2〜3点から風浪を受けて,荒天区域から逃れることを順走法という。

 (1) (A)は正しく,(B)は誤っている。　　(2) (A)は誤っていて,(B)は正しい。
 (3) (A)も(B)も正しい。　　　　　　　　(4) (A)も(B)も誤っている。

(二) 沿岸航行中,当直航海士は次直航海士にどのような事項を引き継ぐか。6つあげよ。

(三) 浸水防止及び防水設備に関する次の問いに答えよ。
 (1) 浸水を早期発見するために,平素から行わなければならない事項を2つあげよ。
 (2) 船舶に設置されている防水設備を3つあげよ。

(四) ワイヤロープを使用する場合,切断の原因になると考えられることを3つあげよ。

5N ホ　　　2時間

(配点　各問100，総計300)

1　海上衝突予防法及び同法施行規則に関する次の問いに答えよ。
　㈠　夜間，航行中の一般動力船A丸が一般動力船B丸(長さ20メートル)を，右図の態勢で追い越す場合：
　　(1)　A丸から見たB丸の灯火は，次の㈰と㈪のとき，それぞれのように見えるか。略図で示せ。
　　　㈰　A丸が，B丸の後方(図の位置)にあるとき。
　　　㈪　A丸が，B丸の正横にあるとき。
　　(2)　接近し衝突のおそれがある場合，A丸及びB丸は，それぞれどのような措置をとらなければならないか。
　㈡　次の(1)及び(2)を用いて行う遭難信号の方法をそれぞれ述べよ。
　　(1)　無線電話　　　　　　　(2)　国際信号旗
　㈢　下図(1)～(3)に示す灯火及び形象物は，それぞれどのような船舶のどのような状態を表すか。ただし，図中の○は白灯，◍は紅灯，⊗は緑灯を，また，(3)は形象物を示す。

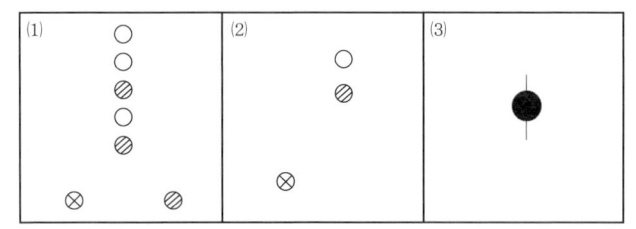

2　㈠　港則法に関する次の問いに答えよ。
　　(1)　特定港の定義を述べよ。
　　(2)　右図に示すように，特定港の航路を航行中の動力船A(総トン数600トン)と航路に入ろうとする動力船B(総トン数2000トン)とが衝突するおそれがあるとき，A及びBはそれぞれどのような措置をとらなければならないか。

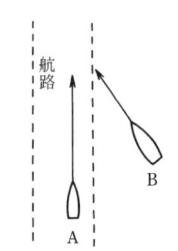

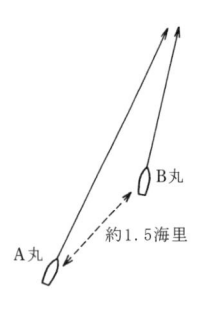

2 (二) 海上交通安全法及び同法施行規則に関する次の問いに答えよ。
　(1) 航路における一般的航法によると，航路を横断する船舶は，どのような方法で横断しなければならないか。
　(2) 備讃瀬戸東航路をこれに沿って航行する船舶の航法について述べた次の文のうち，正しいものはどれか。
　　(ア) 昼間，宇高東航路及び宇高西航路を横切るときは進路を知らせるための国際信号旗による表示を行わなければならない。
　　(イ) 航路の一部の区間は，対水速力12ノット以下で航行しなければならない。
　　(ウ) 夜間は，十分な余地があっても他の船舶を追い越してはならない。
　　(エ) できる限り航路の中央から右の部分を航行しなければならない。
　(3) 航路における一般的航法によると，航路を横断しようとしている漁ろうに従事している船舶が，同じ航路をこれに沿って航行している巨大船と衝突するおそれがあるときは，どちらの船舶が避航しなければならないか。

3 (一) 海上衝突予防法に関する次の問いに答えよ。
　(1) 「運転不自由船」とは，どのような船舶をいうか。
　(2) (1)の船舶(長さ12メートル以上)が，航行中に表示しなければならない灯火及び形象物を記せ。
　(二) 船長は，発航前に次の事項に関して，どのようなことを検査しなければならないか。
　　　　　　　　　　　　　　　　　　　　　　　　　　　　　　　　　　(船員法施行規則)
　　(1) 積載物の積付け　　　　　　　(2) 喫水の状況
　(三) 衛生担当者は，次の(1)〜(3)の事項に関して，それぞれどのような業務を行うか。
　　　　　　　　　　　　　　　　　　　　　　　　　　　　　　　　　(船員労働安全衛生規則)
　　(1) 食料及び用水
　　(2) 医薬品その他の衛生用品
　　(3) 負傷又は疾病が発生した場合
　(四) 海洋汚染等及び海上災害の防止に関する法律の規定に関する次の文の　　　　内に適合する語句を，番号とともに記せ。
　　　何人も，船舶，海洋施設又は航空機からの　(1)　，　(2)　又は　(3)　の排出，船舶からの　(4)　の放出その他の行為により海洋汚染等をしないように努めなければならない。

＜監修者＞

和具　弘之（わぐ　ひろゆき）

1959年	旧 国立神戸商船大学 航海科 卒業
同　年	旧 東京タンカー（株）　三等航海士
1973年	同社船長
1975年	同社退社，運輸省入省
1988年	北海道運輸局 先任海技試験官
1997年	本省 首席海技試験官
1999年	運輸省退官
同　年	東海大学講師（2007年まで）

ISBN978-4-303-41591-4

海技士 4・5N セレクト問題集

2015年12月20日　初版発行　　　　　　　Ⓒ H. Wagu　2015
2021年 6月20日　 2 版発行
　　　　　　　　　　　　　　　　　　　　　　　　検印省略

監修者　和具弘之
発行者　岡田雄希
発行所　海文堂出版株式会社

　　　　本　社　東京都文京区水道 2-5-4（〒112-0005）
　　　　　　　　電話 03(3815)3291㈹　FAX 03(3815)3953
　　　　　　　　http://www.kaibundo.jp/
　　　　支　社　神戸市中央区元町通 3-5-10（〒650-0022）
日本書籍出版協会会員・自然科学書協会会員・工学書協会会員

PRINTED IN JAPAN　　　　　　　印刷　東光整版印刷／製本　誠製本

JCOPY ＜出版者著作権管理機構 委託出版物＞
本書の無断複製は著作権法上での例外を除き禁じられています。複製される場合は、そのつど事前に、出版者著作権管理機構（電話 03-5244-5088, FAX 03-5244-5089, e-mail: info@jcopy.or.jp）の許諾を得てください。